Der Klimawandel als gesellschaftliche Herausforderung

JAHRBUCH DER KARL-HEIM-GESELLSCHAFT
35. JAHRGANG 2024

Markus Mühling / Birgitta Annette Weinhardt (Hrsg.)

Der Klimawandel als gesellschaftliche Herausforderung

Interdisziplinäre Perspektiven
auf ein umfassendes Krisenphänomen

Berlin - Bruxelles - Chennai - Lausanne - New York - Oxford

Bibliografische Information der Deutschen Nationalbibliothek
Die Deutsche Nationalbibliothek verzeichnet diese Publikation
in der Deutschen Nationalbibliografie; detaillierte bibliografische
Daten sind im Internet über http://dnb.d-nb.de abrufbar.

ISSN 2367-2110
ISBN 978-3-631-92631-4 (Print)
E-ISBN 978-3-631-92634-5 (E-PDF)
E-ISBN 978-3-631-92635-2 (EPUB)
DOI 10.3726/b22325

© 2025 Peter Lang Group AG, Lausanne

Verlegt durch: Peter Lang GmbH, Berlin, Deutschland

info@peterlang.com www.peterlang.com

Alle Rechte vorbehalten.

Das Werk einschließlich aller seiner Teile ist urheberrechtlich
geschützt. Jede Verwertung außerhalb der engen Grenzen des
Urheberrechtsgesetzes ist ohne Zustimmung des Verlages
unzulässig und strafbar. Das gilt insbesondere für
Vervielfältigungen, Übersetzungen, Mikroverfilmungen und die
Einspeicherung und Verarbeitung in elektronischen Systemen.

Inhalt

Vorwort 7

Martin Riese
Die physikalischen Grundlagen des Klimawandels 9

Janpeter Schilling
Klimagerechtigkeit – aber wie? 23

Birgitta Annette Weinhardt
Weltangst und Verantwortung. Hans Jonas' Weg zum „Prinzip Verantwortung" und dessen Relevanz in der heutigen Klimadebatte .. 35

Markus Mühling
Gaias Kinder? Medeas Kinder? Oder doch ...? Theologische Anthropologie im Zeitalter der Klimakrise 63

Alexander Weihs
Klimaprotest und Zukunftshoffnung. Die Klimakrise und die Vielfalt der religionspädagogischen Impulse 101

Vorwort

Das Weltklima hat sich insbesondere mit dem Beginn der Industrialisierung signifikant erwärmt, und es wird sich auch weiterhin erwärmen. Internationale politische Vereinbarungen zur Verringerung des Treibgasausstoßes wurden zwar beschlossen, aber inzwischen erscheint es als zweifelhaft, dass die Klimaziele noch eingehalten werden können. So ist nicht mehr von einem Klimawandel, sondern von einer Klimakrise bzw. Klimakatastrophe zu sprechen. Nach heißen Dürre-Sommern und der Flutkatstrophe im Ahrtal ist die existentielle Betroffenheit über die Auswirkungen der Klimakrise zwar bei vielen spürbar. Aber dennoch besteht keine Einigkeit darüber, wie die Folgen der Erderwärmung in Zukunft abzumildern sind.

Die Beiträge dieses Bandes, die im Rahmen des Interdisziplinären Forums der Kirchlichen Hochschule Wuppertal und der Jahrestagung der Karl-Heim-Gesellschaft diskutiert wurden, beleuchten aus unterschiedlichen Perspektiven die Auswirkungen und Herausforderungen der Klimakrise. *Martin Riese* erläutert in seinem Beitrag die physikalischen Grundlagen des menschengemachten Klimawandels, *Janpeter Schilling* bilanziert den Skandal der Klima-Ungerechtigkeit: Er zeigt, wie der globale Süden den größten Teil der Belastung durch das sich verschlechternde Klima erleidet, für welches jedoch der globale Norden die Hauptverantwortung trägt. *Markus Mühling* stellt einige anthropologische Entwürfe aus den Geisteswissenschaften vor und lotet aus, wie weit diese sich für einen interdisziplinären Dialog mit der Theologie eignen könnten. *Birgitta Annette Weinhardt* beschäftigt sich mit Hans Jonas Umweltethik und deren metaphysischen Grundlegung. *Alexander Weihs* erwägt, wie im Religionsunterricht das Thema des Klimaschutzes und der Nachhaltigkeit mit theologischen Inhalten in Verbindung gebracht werden kann.

05.06.2024   *M. Mühling und B. A. Weinhardt*

Martin Riese[*]

Die physikalischen Grundlagen des Klimawandels

Kurzfassung

Der fortschreitende Klimawandel stellt eine der größten gesellschaftlichen und wissenschaftlichen Herausforderungen des 21. Jahrhunderts dar. Der vorliegende Artikel gibt einen Überblick über den aktuellen Kenntnisstand, größtenteils auf der Grundlage des 6. Sachstandsberichts des Weltklimarats (IPCC). Zusammenfassend lässt sich festhalten, dass der aktuelle Klimawandel beispiellos und vom Menschen verursacht ist. Die systematische Änderung der global gemittelten Bodentemperatur in den letzten 100 Jahren betrugen für den Zeitraum 2010 bis 2019 im Mittel bereits 1.1 Grad Celsius und ist seitdem noch gestiegen. Dieser systematische Temperaturanstieg wird nur von Klimasimulationen reproduziert, wenn diese die Einflussfaktoren des Menschen berücksichtigen (anthropogene Einflüsse). Der Klimawandel äußert sich auch in anderen Größen, wie dem Anstieg des Meeresspiegels, dem Rückgang des Arktischen Sommer-Meereises oder dem Rückgang der Gletschermasse. Der Klimawandel fällt in unterschiedlichen Regionen unterschiedlich aus. Er ist in der Arktis besonders stark ausgeprägt. Die grundlegenden Mechanismen des Klimawandels sind gut verstanden, es gibt aber Unsicherheiten bei der Klimasensitivität, d. h. bei der Verstärkung des Treibhauseffekts durch sogenannte Feedbackprozesse (beispielsweise Wasserdampf und Wolken). Für regionale Klimaänderungen sind darüber hinaus dynamische Feedbacks wichtig, das heißt Änderungen von Zirkulations- und Wettersystemen.

---

[*] Forschungszentrum Jülich, GmbH, Institut für Energie- und Klimaforschung (IEK-7), (E-Mail: m.riese@fz-juelich.de).

1. Einleitung

Der Zustand des Klimasystems wird in den Sachstandsberichten des zwischenstaatlichen Ausschusses für Klimaänderungen (Intergovernmental Panel on Climate Change, IPCC) in regelmäßigen Abständen beschrieben. Dieser Ausschuss, auch als Weltklimarat bekannt, wurde 1988 vom Umweltprogramm der Vereinten Nationen (UNEP) und der Weltorganisation für Meteorologie (WMO) gegründet und hat seinen Sitz in Genf. Für den aktuellen 6. Sachstandsbericht aus dem Jahr 2023 haben 234 ehrenamtliche Autor:innen aus 65 Ländern die Ergebnisse aus ca. 14.000 begutachteten Publikationen zusammengefasst (IPCC, 2023a,b).

Der vorliegende Artikel gibt einen Überblick über die wichtigsten Ergebnisse des 6. Sachstandsberichts, die der Politik als Grundlage für wissenschaftsbasierte Entscheidungen dienen. Ergänzend werden Fakten aus der Broschüre „Was wir heute über das Klima wissen" aufgeführt, die vom Deutschen Klimakonsortium (DKK), der Deutschen Meteorologischen Gesellschaft (DPG) und dem Deutschen Wetterdienst (DWD) herausgegeben wurden. Diese Quelle wird im Folgenden als „Basisfakten Klima" zitiert. Abschließend wird ein aktuelles Ergebnis aus der Klimamodellierung am Forschungszentrum Jülich dargestellt.[1]

2. Beobachtungen der Erderwärmung

Der aktuelle Klimawandel ist beispiellos und vom Menschen verursacht. In den letzten 100 Jahren ist die global gemittelte bodennahe Temperatur bereits um ca. 1.1 Grad Celsius angestiegen (Abbildung 1). Dies ergibt sich aus einem Vergleich der mittleren Temperatur in den 2010er Jahren (2010–2019) und der mittleren Temperatur im Bezugszeitraum von 1850 bis 1900. Aktuell liegt dieser klimatologische Anstieg bereits im Bereich von 1.2 bis 1.3 Grad Celsius. Das Pariser Abkommen sieht eine Begrenzung der global gemittelten Erwärmung auf unter 2 Grad Celsius vor, aber möglichst nah an 1.5 Grad Celsius.

Seit Anfang der 1970er Jahre ist die globale Erwärmung besonders stark ausgeprägt. Klimasimulationen geben diese Erwärmung nur unter

---

1 https://www.deutsches-klima-konsortium.de/fileadmin/userupload/pdfs/Publikatio nen_DKK/basisfakten-klimawandel.pdf.

Die physikalischen Grundlagen des Klimawandels 11

Berücksichtigung des Einflusses des Menschen (anthropogener Einflüsse) wieder. Der wichtigste Einflussfaktor ist die Emission des Treibhausgases Kohlendioxid (CO_2) durch die Nutzung fossiler Brennstoffe.

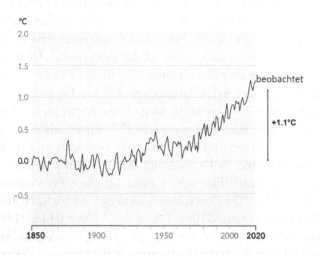

Abb. 1: Beobachtete Veränderung der globalen mittleren Oberflächentemperatur (Jahresmittel) im Vergleich zum Zeitraum 1850–1900. Die Erhöhung von 1,1 Grad Celsius (rechter Balken) ergibt sich aus dem Vergleich der mittleren Temperatur im Zeitraum 2010–2019 mit der mittleren Temperatur im Referenzzeitraum 1850–1900.[2]

Dem langfristigen Anstieg der global gemittelten bodennahen Temperatur (10-Jahesmittelwerte) sind kurzfristige Temperaturschwankungen überlagert. Diese kommen größtenteils durch interne Klimaschwankungen zustande, beispielsweise durch regelmäßig auftretende Erwärmungen der Oberflächentemperaturen des östlichen Pazifiks und deren Wechselwirkungen mit der Atmosphäre. Dieses im Abstand von 4 bis 7 Jahren auftretende Phänomen ist unter dem Begriff „El Nino" bekannt. Im Jahr 2023 hat ein ausgeprägter El Nino dazu geführt, dass die global gemittelte bodennahe Temperatur fast 1.5 Grad Celsius über der Temperatur

---

2 Quelle: IPCC, AR6, SPM.1 (https://www.ipcc.ch/report/ar6/wg1/figures/summary-for-policymakers).

des Referenzzeitraums lag. Das Pariser Abkommen bezieht sich allerdings nicht auf einzelne Jahre, sondern auf den langfristigen Anstieg, wie er in 10-Jahresmittelwerten besser reflektiert wird.

Insgesamt hat sich die global gemittelte bodennahe Temperatur als nützliches Maß zur Beurteilung der Stärke des Klimawandels etabliert. Der Klimawandel ist aber in unterschiedlichen Regionen unterschiedlich stark ausgeprägt. Über den Landmassen ist die Erwärmung der bodennahen Schichten größer als über den Ozeanen (Abbildung 2). Besonders stark ist die Erwärmung in der Arktis ausgeprägt. Auch in Deutschland schreitet der Klimawandel stärker voran als im globalen Mittel (siehe „Basisfakten Klima"). Das letzte Jahrzehnt war rund 2°C wärmer als die ersten Jahrzehnte (1881–1910) der Aufzeichnungen in Deutschland. Das bedeutet, dass die Temperaturen in Deutschland deutlich stärker angestiegen sind als im globalen Mittel. Ein weiters Indiz für diese Entwicklung ist die Anzahl "heißer Tage" in Deutschland, an denen die höchsten Temperaturen 30 °C überschreiten. Während es in den 1950er Jahren (1951–1960) im Durchschnitt nur 3,5 solcher Tage pro Jahr gab, stieg die Anzahl im Zeitraum 1991–2020 auf durchschnittlich 8,9 Tagen pro Jahr an.

Der Klimawandel äußert sich auch in Größen wie dem Anstieg des Meeresspiegels, dem Rückgang des arktischen Sommer-Meereises oder dem Rückgang der Gletschermasse (siehe „Basisfakten Klima"). Der Meeresspiegel stieg weltweit seit dem Jahr 1900 um etwa 20 cm an. Diese Entwicklung hat sich in den letzten Jahrzehnten beschleunigt. Seit dem Beginn der Satellitenmessungen des Meeresspiegels im Jahr 1993 ist ein weltweiter Anstieg von ca. 10 cm zu verzeichnen. Gleichzeitig schwindet das arktische Meereis. Seit Beginn der Satellitenmessungen des arktischen Meereises im Jahr 1979 liegt die durchschnittliche Rate bei mehr als 10 % pro Jahrzehnt. Weitere Warnzeichen stellen der massive Rückgang der weltweiten Gletschermassen sowie das Tauen des sibirischen Permafrostes dar. Letzteres verursacht Probleme für die lokale Infrastruktur wie Straßen und Eisenbahnlinien. Das Auftauen des Permafrostes schadet aber auch dem globalen und regionalen Klima durch zusätzliche Emissionen des Treibhausgases Methan, dem zweitwichtigsten Treibhausgas nach Kohlendioxid.

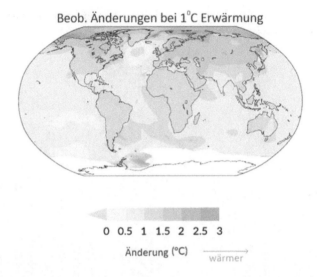

Abb. 2: Jährliche mittlere Temperaturänderung (Grad Celsius) im Zeitraum 1850 bis 2020 bei 1°C globaler Erwärmung. Über den Landmassen ist die Erwärmung der bodennahen Schichten größer als über den Ozeanen. Besonders stark ist die Erwärmung in der Arktis ausgeprägt.[3]

3. Ursachen der Erderwärmung in den letzten 100 Jahren

Wie oben erwähnt beträgt die systematische langfristige Erwärmung der global gemittelten bodennahen Temperatur in den letzten 100 Jahren bereits ca. 1.1 Grad Celsius (Abbildung 3a). Die beobachtete Erwärmung ist hauptsächlich eine Folge anthropogener (vom Menschen verursachter) Treibhausgasemissionen, wobei die Erwärmung durch Treibhausgase wie Kohlendioxid (CO_2), Methan (CH_4) und Lachgas (N_2O) teilweise durch den kühlenden Gesamteffekt atmosphärischer Verschmutzungspartikel, der Aerosole, überdeckt wird. Sulfataerosole sind beispielsweise Schwebeteilchen in der Luft, die teilweise die Sonnenstrahlung zurück in den Weltraum reflektieren und dadurch eine kühlende Wirkung entfalten. Natürliche Faktoren wie Schwankungen der Sonnenaktivität, Vulkanausbrüche und interne Klimavariabilität, haben keinen nennenswerten

---

3 Quelle: IPCC, AR6, SPM.4 (https://www.ipcc.ch/report/ar6/wg1/figures/summary-for-policymakers).

Einfluss auf die in den letzten 100 Jahren beobachtete mittlere Erwärmung (Abbildung 3b).

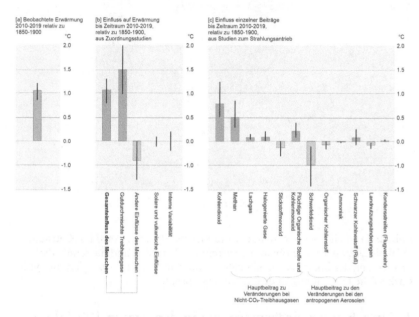

Abb. 3: Beobachteter Anstieg der global gemittelten bodennahen Temperatur in den Jahren 2010–2019 im Vergleich zum Zeitraum 1850–1900 (links, 3a). Der Unsicherheitsbereich wird durch den dünnen schwarzen Balken angegeben (Fehlerbalken). (Mitte, 3b) Beitrag menschlicher Einflüsse, solarer und vulkanischer Einflüsse sowie interner Klimaschwankungen (mit Fehlerbalken). (Rechts, 3c) Aufschlüsselung der in der Bildmitte gezeigten Beiträge: Emissionen von Treibhausgasen, Aerosole und Vorläufer, Landnutzungsänderungen und Kondensstreifen aus der Luftfahrt.[4]

4. Das Konzept des Strahlungsantriebs

Die Temperatur des Erdsystems wird durch die Strahlungsbilanz am "oberen Rand" der Atmosphäre geregelt. Die über die Erdoberfläche gemittelte einfallende Strahlungsleistung der Sonne beträgt ca. 340 W/m² pro Quadratmeter (m²). Davon werden ca. 100 W/m² durch Wolken

---

4 Quelle: IPCC, AR6, SPM.2 (https://www.ipcc.ch/report/ar6/wg1/figures/summary-for-policymakers).

und die Erdoberfläche direkt zurück in den Weltraum reflektiert. Die restlichen ca. 240 W/m² werden von der Erde in Form von langwelliger Infrarotstrahlung in den Weltraum abgegeben (Strahlungskühlung). Durch anthropogene Treibhausgasemissionen, beispielweise zusätzliches CO_2, wird diese Strahlungskühlung reduziert, d. h. das Erdsystem wärmt sich so lange auf, bis am oberen Rand der Atmosphäre die Strahlungsbilanz wieder ausgeglichen ist. Dieses Phänomen wird in den IPCC-Sachstandsberichten als Strahlungsantrieb des Klimas bezeichnet.

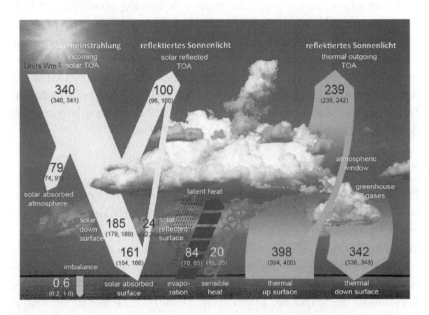

Abb. 4: Darstellung der globalen mittleren jährlichen Energiebilanz der Erde (Wild et al., 2013). Die Zahlen geben die besten Schätzungen für die Größenordnungen der global gemittelten Energiebilanzkomponenten zusammen mit ihren Unsicherheitsbereichen in Klammern. Für den Antrieb des Klimas ist eine Abweichung der Sonnenstrahlung von der Summe aus reflektierter Sonnenstrahlung und der abgestrahlten thermalen (Infrarot-)Strahlung verantwortlich (Strahlungskühlung). Durch das Einbringen zusätzlicher Treibhausgase wird die Strahlungskühlung verringert und es entsteht ein Ungleichgewicht der Strahlungsflüsse am Rand der Atmosphäre. Das Erdsystem reagiert auf diesen „Strahlungsantrieb" des Klimas und erwärmt sich so lange, bis wieder ein Gleichgewicht am Rand der Atmosphäre etabliert ist.

Eine Verringerung der von der Erde abgestrahlten Infrarotstrahlung ist gleichbedeutend mit einem erhöhten Strahlungsantrieb, der zu einer Erwärmung der Erde führt. Dieser Effekt wird durch zusätzliche Emissionen von Treibhausgasen wie Kohlendioxid, Methan oder Lachgas erzeugt. Schwebeteilchen wie Sulfataerosole können durch zusätzliche Reflexion von Sonnenlicht zu einem verringerter Strahlungsantrieb führen, also zu einer Abkühlung.

Das Konzept des Strahlungsantriebs wird dazu benutzt, die Erwärmung der bodennahen Atmosphärentemperatur infolge anthropogener Einflüsse abzuschätzen, sowie die relative Bedeutung verschiedenen Einflussfaktoren (Abbildung 3). In den IPCC-Sachstandsberichten wird der sogenannte Stratosphären-adjustierte Strahlungsantrieb benutzt, der die Netto-Strahlungsflussdichte an der Tropopause in 10 bis 15 km Höhe beschreibt durch die veränderte Konzentration von Treibhausgasen sowie die schnelle Anpassung der Stratosphäre (ca. 10 bis 50 km) berücksichtigt. Der 6. Sachstandsbericht von 2021 gibt für 2019 einen Strahlungsantrieb des Klimas von ca. 2,7 W/m² seit dem Jahr 1750 an.

5. Projektionen

Projektionen des zukünftigen Klimawandels hängen von Emissionsszenarien ab, das heißt von Annahmen über die Menge zusätzlicher anthropogener Treibhaussubstanzen und damit zusammenhängender zusätzlicher Strahlungsantriebe. Die grundlegenden Mechanismen des Klimawandels sind gut verstanden und alle Modelle sagen für ein vorgegebenes Szenario eine Erwärmung des Erdklimas vorher. Unsicherheiten gibt bei der Berechnung der Stärke der Erwärmung. Diese Unsicherheit ist auf Unterschiede in der Klimasensitivität der Modelle zurückzuführen. Die Klimasensitivität beschreibt die Verstärkung des vom Menschen verursachten zusätzlichen Treibhauseffekts durch Rückkopplungsprozesse. Am wichtigsten sind Änderungen des atmosphärischen Wasserdampfs und von Wolken, die durch die Erderwärmung verursacht werden.

Vereinfacht gesagt stellt sich dieser Zusammenhang wie folgt dar: Wenn die globale Erwärmung durch zusätzliches CO_2 etwa ein Grad Celsius beträgt, dann kann die Atmosphäre etwa 7 % mehr Wasserdampf aufnehmen. Der zusätzliche Wasserdampf erzeugt einen zusätzlichen Treibhauseffekt, der die durch CO_2 initiierte Erwärmung etwa verdoppelt. Eine zusätzliche Rückkopplung (Feedback) ergibt sich durch Veränderungen von Bewölkung sowie der Eigenschaften von Wolken. Diese Rückkopplung ist sehr unsicher und variiert daher stark von Modell zu Modell. Um Modelle im Detail zu vergleichen, werden häufig Simulationen mit einer Verdopplung CO_2 gegenüber vorindustriellen Werten durchgeführt. Der vorhergesagte global gemittelte Anstieg der bodennahen Temperaturen liegt zurzeit aufgrund unterschiedlicher Klimasensitivitäten der Modelle zwischen 2 und 4.5 Grad Celsius (für eine CO_2-Verdopplung). Die aktuelle Forschung zielt daher auf Verringerung der Unsicherheit der Klimasensitivität, d. h. auf eine noch genauere Vorhersagbarkeit zukünftiger Klimaänderungen.

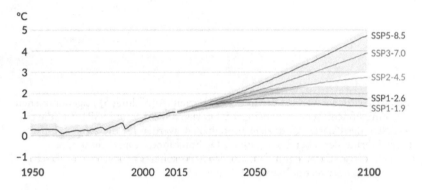

Abb. 5: Klimaprojektionen: Wie die fünf bewerteten Szenarien zeigen, wird die globale Oberflächentemperatur in Abhängigkeit von der künftigen Höhe der vom Menschen verursachten Treibhausgasemissionen ansteigen. Alle Modelle sagen vorher, dass die Erwärmung mit der Menge anthropogener Emissionen zunimmt, das heißt mit der Größe des zusätzlichen Strahlungsantriebs. Den Szenarien liegen unterschiedliche Annahmen über zukünftige Treibhausgasemissionen zugrunde, die zu einem unterschiedlichen Strahlungsantrieb führen, beispielsweise geht SSP3-7.0 von einem zusätzlichen Strahlungsantrieb von 7.0 Watt/m² aus. Mehr Emissionen führen generell zu einer stärkeren Erwärmung. Für ein vorgegebenes Emissionsszenario gibt es jedoch eine Spannbreite in den Projektionen verschiedener Klimamodelle, die in der Abbildung durch schraffierte Flächen für die Szenarien SSP1-2.6 und SSP3-7.0 wiedergegeben ist. Diese kommt durch die unterschiedlichen Klimasensitivitäten der Modelle zustande.[5]

---

5 Quelle: IPCC, AR6, SPM.8 (https://www.ipcc.ch/report/ar6/wg1/figures/summary-for-policymakers).

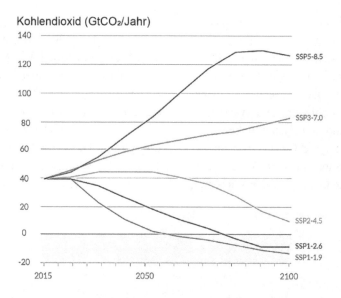

Abb. 6: Zeitlicher Verlauf der in den Szenarien (Abbildung 5) angenommenen CO_2-Emissionen. Bei den günstigen Szenarien SSP1-1.9 und SSP1-2.6, die ein Erreichen der Pariser Klimaziele ermöglichen, werden für die zweite Hälfte dieses Jahrhunderts bereits negative CO_2-Emissionen angenommen, das heißt ein Netto-Entzug von CO_2 aus der Atmosphäre, beispielsweise durch Aufforstung oder technologische Lösungen.[6]

6. Einflüsse auf das regionale Klima und zukünftiger Forschungsbedarf

Für regionale Klimaänderungen sind dynamische Feedbacks wichtig, das heißt Änderungen von Strömungs- und Wettersystemen. Dynamische Kopplungen zwischen der Stratosphärendynamik und der troposphärischen Zirkulation wirken sich auf Wettermuster und -extreme aus und bieten das Potenzial für eine verbesserte Vorhersagbarkeit regionaler Klimaänderungen. Solche Kopplungen hängen auch von der chemischen Zusammensetzung der unteren Stratosphäre (z. B. Wasserdampf, Ozon) und den induzierten Strahlungseffekten ab.

---

6 Quelle: IPCC, AR6, SPM.4 (https://www.ipcc.ch/report/ar6/wg1/figures/summary-for-policymakers).

Jüngste Forschungsarbeiten am Forschungszentrum Jülich haben das Verständnis der Auswirkungen von Veränderungen des Wasserdampfs in der außertropischen unteren Stratosphäre auf die atmosphärische Dynamik und Zirkulation erheblich verbessert. In Zusammenarbeit mit nationalen und internationalen Partnern wurde gezeigt, dass ein Anstieg der Wasserdampfkonzentration in diesem Höhenbereich der Stratosphäre zu einer starken Abkühlung in dieser Höhenregion führt, die unter anderem zu einer polwärts gerichteten Verschiebung des troposphärischen Jetstream (Strahlstrom) führt (Charlesworth et al., 2023). Der Jetstream beeinflusst wiederum die Lage und Ausbreitung von Tief- und Hochdruckgebieten und somit unser großräumiges Wetter. Es ist daher abzusehen, dass die Komplexität von Klimamodellen in Zukunft weiter zunehmen wird, um solche Effekte, die auch für die regionale Klimamodellierung wichtig sind, realistisch wiederzugeben.

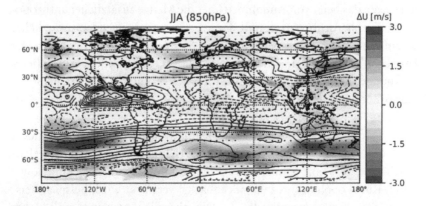

Abb. 7: Einfluss von Wasserdampfänderungen in der extratropischen unteren Stratosphäre (10 bis 15 km), die sich aus einer Klimasimulation mit einem komplexen Transport- und Mischungsschema ergeben. Das Bild zeigt den Einfluss auf den Wind in der bodennahen Atmosphäre im Nordsommer. Gezeigt ist die Differenz zu einer Simulation mit vereinfachtem Transportschema. Rot bedeutet eine Verstärkung der von Westen nach Osten gerichteten Windkomponente. Blau ist gleichbedeutend mit einer Abschwächung (Charlesworth et al., 2013).

7. Zusammenfassung

Der aktuelle Klimawandel ist beispiellos und vom Menschen verursacht. In den letzten 100 Jahren ist die global gemittelte bodennahe Temperatur bereits um ca. 1.1 Grad Celsius angestiegen. Diese Erwärmung ist hauptsächlich eine Folge anthropogener (vom Menschen verursachter) Treibhausgasemissionen. Momentan wird ein Teil der Erwärmung von Treibhausgasen wie Kohlendioxid (CO_2), Methan (CH_4) und Lachgas (N_2O) durch kühlende Aerosole überdeckt. Notwendige Luftreinhaltungsmaßnahmen werden im Bereich der Aerosole zu einer zusätzlichen Erwärmung führen. Natürliche Faktoren wie Schwankungen der Sonnenaktivität, Vulkanausbrüche und interne Klimavariabilität, haben keinen nennenswerten Einfluss auf die in den letzten 100 Jahren beobachtete mittlere Erwärmung.

Projektionen des zukünftigen Klimawandels hängen von Emissionsszenarien ab, das heißt von Annahmen über die Menge zusätzlicher anthropogener Treibhaussubstanzen und damit zusammenhängender zusätzlicher Strahlungsantriebe. Bei den günstigen Szenarien, die ein Erreichen der Pariser Klimaziele ermöglichen, werden für die zweite Hälfte dieses Jahrhunderts bereits negative CO_2-Emissionen notwendig, das heißt ein Netto-Entzug von CO_2 aus der Atmosphäre, beispielsweise durch Aufforstung oder technologische Lösungen.

Die Mechanismen des aktuellen Klimawandels sind gut verstanden. Eine der Hauptunsicherheiten stellt die Klimasensitivität dar, welche beschreibt, wie eine globale Erwärmung infolge von CO_2 Emissionen durch Rückkopplungsprozesse (Feedbacks) verstärkt wird, beispielsweise durch den Wasserdampffeedback. Die aktuelle Forschung zielt daher auf Verringerung der Unsicherheit der Klimasensitivität, das heißt auf eine noch genauere Vorhersagbarkeit zukünftiger Klimaänderungen für ein vorgegebenes Emissionsszenarium. Für Anpassungsmaßnahmen ist eine präzise Vorhersage regionaler Klimaänderungen von entscheidender Bedeutung. Dazu gehört die präzise Vorhersage von Änderungen der atmosphärischen Zirkulations- und Wettersysteme, welche die Berücksichtigung komplexer Prozesse und deren Wechselwirkungen in der Erdsystemmodellierung erfordert.

Literatur

Basisfakten Klima, Was wir heute übers Klima wissen: Basisfakten zum Klimawandel, die in der Wissenschaft unumstritten sind, herausgegeben von: Deutsches Klima-Konsortium, Deutsche Meteorologische Gesellschaft, Deutscher Wetterdienst, Extremwetterkongress Hamburg, Helmholtz-Klima-Initiative, klimafakten.de, 2022. https://www.deutsches-klimakonsortium.de/fileadmin/user_upload/pdfs/Publikationen_DKK /basisfakten-klimawandel.pdf.

CHARLESWORTH, E., PLÖGER, F., BIRNER, T. et al. Stratospheric water vapor affecting atmospheric circulation. *Nat Commun* **14**, 3925 (2023). https://doi.org/10.1038/s41467-023-39559-2.

IPCC, 2021: *Climate Change 2021: The Physical Science Basis. Contribution of Working Group I to the Sixth Assessment Report of the Intergovernmental Panel on Climate Change* [MASSON-DELMOTTE, V., P. ZHAI, A. PIRANI, S.L. CONNORS, C. PÉAN, S. BERGER, N. CAUD, Y. CHEN, L. GOLDFARB, M.I. GOMIS, M. HUANG, K. LEITZELL, E. LONNOY, J.B.R. MATTHEWS, T.K. MAYCOCK, T. WATERFIELD, O. YELEKÇI, R. YU, and B. ZHOU (eds.)]. Cambridge University Press, Cambridge, United Kingdom and New York, NY, USA, In press, doi:10.1017/9781009157896.

IPCC, 2021: Summary for Policymakers. In: *Climate Change 2021: The Physical Science Basis. Contribution of Working Group I to the Sixth Assessment Report of the Intergovernmental Panel on Climate Change* [MASSON-DELMOTTE, V., P. ZHAI, A. PIRANI, S.L. CONNORS, C. PÉAN, S. BERGER, N. CAUD, Y. CHEN, L. GOLDFARB, M.I. GOMIS, M. HUANG, K. LEITZELL, E. LONNOY, J.B.R. MATTHEWS, T.K. MAYCOCK, T. WATERFIELD, O. YELEKÇI, R. YU, and B. ZHOU (eds.)]. Cambridge University Press, Cambridge, United Kingdom and New York, NY, USA, pp. 3–32, doi:10.1017/9781009157896.001.

IPCC, 2023: *Climate Change 2023: Synthesis Report*. Contribution of Working Groups I, II and III to the Sixth Assessment Report of the Intergovernmental Panel on Climate Change [Core Writing Team, H. LEE and J. ROMERO (eds.)]. IPCC, Geneva, Switzerland, pp. 35–115, doi: 10.59327/IPCC/AR6-9789291691647.

IPCC, 2023: Summary for Policymakers. In: *Climate Change 2023: Synthesis Report*.Contribution of Working Groups I, II and III to the Sixth Assessment Report of the Intergovernmental Panel on Climate Change

[Core Writing Team, H. LEE and J. ROMERO (eds.)]. IPCC, Geneva, Switzerland, pp. 1–34, doi: 10.59327/IPCC/AR6-9789291691647.001.

WILD, M, FOLINI, D., CHÄR, C., LOEB, N. DUTTON, E.G., KÖNIG-LANGLO, G., The global energy balance from a surface perspective, Clim Dyn (2013) 40:3107–3134, DOI 10.1007/s00382-012-1569-8, 2013.

Janpeter Schilling*

Klimagerechtigkeit – aber wie?

Von Februar 2023 bis Januar 2024 lag die globale Durchschnittstemperatur im Vergleich zum vorindustriellen Niveau erstmals zwölf Monate lang über 1,5 Grad Celsius (Copernicus, 2024). Das bedeutet nicht, dass das Pariser Klimaziel von 1,5 Grad Celsius bereits verfehlt wurde, da für eine Berechnung der durchschnittlichen globalen Mitteltemperatur der Betrachtungszeitraum von 12 Monaten zu kurz ist. Allerdings zeigt sich, dass die Einhaltung der 1,5-Grad-Grenze sehr schwer wird. In der Wissenschaft wird zunehmend davon ausgegangen, dass es „nicht plausibel" (Engels, et al., 2023, S. 5) ist, dass wir die Erwärmung auf 1,5 Grad Celsius begrenzen werden. Naturgemäß sind die Chancen höher die globale Erwärmung gegenüber dem vorindustriellen Niveau auf 2 Grad Celsius zu begrenzen aber auch hier zeigt sich, dass wir nicht „auf Kurs" sind (ebd.). Zur Zeit liegt die globale Mitteltemperatur 1,17 Grad Celsius über dem vorindustriellen Niveau (NASA, 2024). Nachdem aktuell wahrscheinlichsten Emissionsszenario werden wir im Jahr 2100 eine durchschnittliche Erwärmung von etwa 2,7 Grad Celsius erleben. In einer solchen Welt werden wir regionale Werte, insbesondere in den nördlichen Breiten, von 7 Grad Celsius erreichen (IPCC, 2023). Durch den Ausstoß von Treibhausgasen und intensiver Landnutzung greifen wir massiv ins Klimasystem ein (ebd.). Das bleibt nicht ohne Folgen. Neben steigenden Temperaturen und veränderten Niederschlagsmustern macht der Klimawandel Dürren und Überflutungen wahrscheinlicher und stärker (IPCC, 2021) Die Auswirkungen des Klimawandels verteilen sich dabei nicht gleichmäßig über den Globus. Einige Regionen sind deutlich stärker betroffen als andere (ebd.). Ebenso ist der historische, aktuelle und zukünftig erwartete Beitrag zum Klimawandel zwischen verschiedenen Weltregionen und Ländern sehr

---

* Hochschule für Wirtschaft und Recht Berlin, Polizei und Sicherheitsmanagement (FB 5), (E-Mail: janpeter.schilling@hwr-berlin.de).

unterschiedlich. Damit stellen sich Fragen nach der Verantwortung für den Klimawandel und der Klimagerechtigkeit. Eine allgemeingültige oder generell anerkannte Definition von Klimagerechtigkeit gibt es nicht. Meist stehen bei der Untersuchung der Klimagerechtigkeit Fragen der sozialen Ungleichheit und Ungerechtigkeit im Zusammenhang mit dem Klimawandel im Fokus (z. B. Friedrich, 2023). Zudem rücken ethische und normative Aspekte in den Vordergrund (Adelman & Kotzé, 2021). Der vorliegende Beitrag geht der Frage nach, wie mehr Klimagerechtigkeit erreicht werden kann. Um diese Frage beantworten zu können, muss zunächst geklärt werden, wer für den Klimawandel verantwortlich ist und wer davon besonders betroffen ist.

1. Die Verantwortlichen

Verantwortlich für den aktuellen Anstieg der globalen Durchschnittstemperatur um 1,17 Grad Celsius gegenüber dem vorindustriellen Niveau sind wir Menschen. Ohne uns läge die Erwärmung bei unter 0,2 Grad Celsius (Abb. 1). Darüber besteht in der Wissenschaft breite Einigkeit (Myers, et al., 2021).

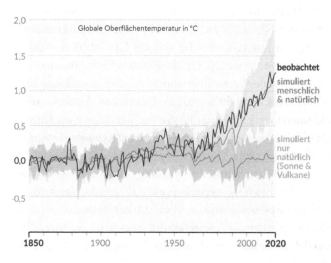

Abb. 1: Globale Oberflächentemperatur mit und ohne menschlichen Einfluss (IPCC Deutsche Koordinierungsstelle, 2023)

Es sind vor allem die Freisetzung von Treibhausgasen (z. B. Kohlenstoffdioxid und Methan) sowie Landnutzungsänderungen (z. B. Umwandlung von Wäldern in Ackerflächen und Trockenlegung von Mooren) die den Klimawandel antreiben (IPCC, 2021). Am besten messbar sind die CO_2-Emissionen. Hier kann zwischen historischen, aktuellen und zukünftig erwarteten Emissionen unterschieden werden. Die Regionen mit den höchsten CO_2-Emissionen seit Beginn der Industrialisierung sind Nordamerika und Europa. Allgemein sind die Emissionen besonders in den letzten 30 Jahren stark gestiegen (Abb. 2).

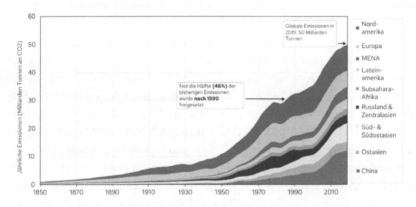

Abb. 2: Globale CO_2-Emissionen nach Weltregionen (eigene Übersetzung von Chancel, et al., 2021, S. 116)

Ein Vergleich zwischen den größten Emittenten zeigt, dass die Pro-Kopf-Emissionen in den USA und der EU seit 2010 sinken, während sie in Indien und vor allem China seit 2000 stark ansteigen (Abb. 3a). Noch deutlicher wird dieser Trend, wenn man die absoluten CO_2-Emissionen betrachtet (Abb. 3b).

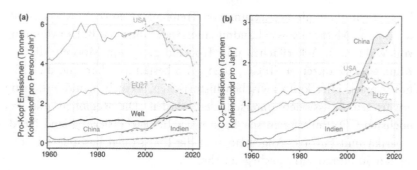

Abb. 3: CO_2-Emissionen pro Kopf (a) und absolut (b) der Hauptemittenten (eigene Übersetzung von Friedlingstein, et al., 2022, S. 1934)

Den aktuell verfügbaren Zahlen nach für das Jahr 2022 ist China für knapp 31 % des weltweiten Ausstoßes von CO_2 verantwortlich, gefolgt von den USA (13,6 %) und Indien (7,6 %). Deutschlands Anteil beträgt 1,8 % (Statista, 2024a). Damit zeigt sich, dass die USA und Europa die größte historische Verantwortung für den Klimawandel tragen. Aktuell sind und vor allem in der Zukunft werden China und Indien zu den Hauptemittenten und damit Hauptverantwortlichen werden (Statista, 2024b). Bei der Beurteilung der zeitlichen Dimension muss berücksichtigt werden, dass Treibhaugase sehr lange in der Atmosphäre verweilen. Zum Beispiel hat Kohlendioxid eine Verweildauer von 50 bis 100 Jahren (Rheinland-Pfalz Kompetenzzentrum für Klimafolgen, 2024). Das bedeutet, dass unser derzeitiges Klima durch die Emissionen der letzten Jahrzehnte geprägt ist. Würde es uns dagegen gelingen, die Emission von Treibhausgasen heute auf null zu reduzieren, würde sich dies erst für unsere Kinder und Enkelkinder bemerkbar machen. Hier zeigt sich die zeitliche Ungerechtigkeitsdimension des Klimawandelns.

2. Die Betroffenen

Wer wie stark von den Auswirkungen des Klimawandels betroffen ist, hängt maßgeblich davon ab, wie verwundbar einzelne Länder und Gruppen gegenüber höheren Temperaturen, Niederschlagsänderungen sowie häufigeren und stärkeren Dürren und Überflutungen sind (IPCC, 2022). Die Verwundbarkeit von Betroffenen setzt sich zusammen aus der

Empfindlichkeit gegenüber Klimaveränderungen, die sich zum Beispiel in der Abhängigkeit der Wirtschaft von der Landwirtschaft oder dem Anteil der dort beschäftigten Bevölkerung zeigt, und den Anpassungsfähigkeiten (Schilling, et al., 2012). Hierzu zählen vor allem allgemeine Ressourcen wie Einkommen und technische Kapazitäten, aber auch spezifisches Wissen, wie zum Beispiel mit Dürren umgegangen werden kann (IPCC, 2022). Aus Abbildung 4 wird ersichtlich, dass die Verwundbarkeit gegenüber dem Klimawandel im Globalen Süden höher ist als in Ländern des Globalen Nordens. Des Weiteren zeigen die Punkte in Abbildung 4 Vorfälle von Gewalt in Konflikten (mit und ohne staatliche Beteiligung). Auffällig ist die Überschneidung von Regionen, die sowohl eine hohe Vulnerabilität gegenüber dem Klimawandel aufweisen, als auch von bewaffneten Konflikten betroffen sind. Diese „doppelte Betroffenheit" ist damit zu erklären, dass zwischen den beiden Faktoren Wechselwirkungen bestehen. Auf der einen Seite schwächen bewaffnete Konflikte die Anpassungsfähigkeit an Klimaveränderungen, zum Beispiel wenn Investitionen aufgrund der schlechten Sicherheitslage ausbleiben und damit die Verwundbarkeit steigt (Schilling, et al., 2015). Auf der anderen Seite können ausbleibende Regenfälle in Ländern mit starker Abhängigkeit von (regengespeister) Landwirtschaft und geringen Anpassungsfähigkeiten bestehende bewaffnete Konflikte verschärfen (Schilling, et al. 2014). Daraus können sich selbstverstärkende Negativspiralen entwickeln (Buhaug & Uexkull, 2021; Scheffran, Ide & Schilling, 2014).

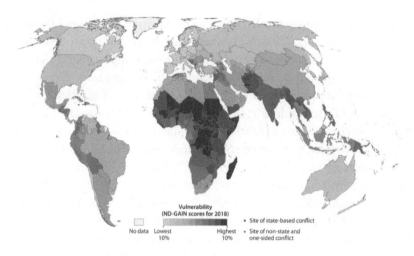

Abb. 4: Verwundbarkeit gegenüber dem Klimawandel und Vorfälle von Gewalt in Konflikten (Buhaug & Uexkull, 2021, S. 12)

3. Hin zu mehr Klimagerechtigkeit

Die bisherigen Abschnitte haben gezeigt, dass sich die Verursacher und die Betroffenen des Klimawandels sowohl zeitlich als auch räumlich stark unterscheiden. Die Feststellung dieser doppelten Ungleichheit ist daher zunächst einmal ein objektiver Vorgang, der folgende Fragen beantwortet: Wer hat wie, wann und warum zum Klimawandel beigetragen und wer ist wie, wann und warum von den Auswirkungen betroffen? Der Begriff der Klimagerechtigkeit ist dagegen normativ geprägt und fragt: Wer sollte wie, wann und warum seine Klimaschutzmaßnahmen erhöhen und für die Minderung der Schäden des Klimawandels aufkommen? Wer verdient es, wie, wann und warum bei der Bewältigung des Klimawandels unterstützt zu werden? Es geht bei Gerechtigkeit daher um eine Betonung und Bewertung der Abweichung von Sein und Sollen, von Realität und Ideal, von Ist-Zustand und Soll-Zustand. Wie diese Bewertung ausfällt, hängt vom Standpunkt ab. Geht man beispielsweise von dem „Polluter-Pays-Prinzip" der OECD aus, so müssten die Verursacher des Klimawandels und damit die USA und Europa sowie zunehmend China und Indien für die Schäden des Klimawandels aufkommen (OECD, 1992). Unter der Klimarahmenkonvention kommt dieses Prinzip (und damit eine zumindest teilweise Anerkennung der Verantwortlichkeit der Industrienationen) zur Anwendung. So wurde bei den Klimaverhandlungen 2010 in Cancún beschlossen, dass die reicheren Länder Entwicklungsländern jedes Jahr Kredite zur Finanzierung von Klimaschutzmaßnahmen in Höhe von 100 Milliarden USD gewähren. Allerdings wurde diese Marke noch in keinem Jahr erreicht. Zuletzt wurden Kredite in Höhe von 83 Milliarden USD vergeben (OECD, 2022). Im Falle von China zeigt sich, dass sich das Land bei den Klimaverhandlungen nicht zu den entwickelten Industrienationen zählt und sich damit weniger in der Pflicht sieht, Kredite oder andere Zahlungen für den Klimaschutz zu gewähren (Hurri, 2020). Auch wenn China und andere BRICS-Staaten (hierzu zählen neben China Brasilien, Russland und Indien) zunehmend an Bedeutung bei internationalen Klimaverhandlungen gewinnen, so sind ärmere Länder weiterhin deutlich unterrepräsentiert. Reichere Länder wie die USA und zunehmend „Ölstaaten" wie die Vereinigten Arabischen Emirate (Ausrichter der Klimakonferenz COP28) geben den Ton an (Wang & Fang, 2024). Damit stellt sich auch die Frage, wie die Verfahrensweise und Beteiligung an Entscheidungen, die den Klimawandel betreffen, gerechter gestaltet werden kann (Schlosberg, 2004). Doch selbst bei den von zahlreichen Ländern versprochenen Klimabeiträgen in Form von Treibhausgasreduktionszielen (auf Englisch Nationally Determined Contributions, NDCs) zeigt sich, dass diese von den meisten Staaten nicht eingehalten werden und selbst wenn diese eingehalten würden, sie in der Summe zu einer globalen Erwärmung von deutlich über 2 Grad Celsius führen würden (UNFCCC, 2021). Immerhin nahm die Generalversammlung der Vereinten Nationen 2023 eine Resolution an, nach der sie ein Gutachten beim Internationalen Strafgerichtshof über die Verpflichtungen der Länder zur Bekämpfung des Klimawandels einholen wird. Damit dürfte sich der Druck auf die Mitgliedstaaten der Vereinten Nationen erhöhen, sich beim Klimaschutz mehr anzustrengen. Ob dies der ausgerufene „Wendepunkt" (UNEP, 2023) hin zu mehr Klimagerechtigkeit wird, darf jedoch bezweifelt werden.

Letztlich ist der Klimawandel ungerecht, weil er sich in einer ungerechten Welt entfaltet. Wenn wir es für gerecht halten, dass jeder Mensch über ausreichend Geld verfügen soll, um sich zu versorgen, und niemand Hunger leiden sollte, dann sind die über 700 Millionen Menschen (9 % der Weltbevölkerung), die weltweit in extremer Armut – sprich von weniger als 2,15 US-Dollar pro Tag – leben und von Unterernährung betroffen sind, eine schreiende Ungerechtigkeit (Weltbank, 2023). Über 90 % der unterernährten Menschen leben in Afrika und Asien (Statistisches Bundesamt, 2023). Während in Ländern wie Deutschland und den USA das Pro-Kopf-Einkommen bei über 50 000 US-Dollar liegt, erreichen die meisten afrikanischen Länder weniger als 5 000 US-Dollar (University of Oxford, 2023). Global betrachtet, verfügen die reichsten 10 % der Weltbevölkerung über 55 % des weltweiten Einkommens, während auf die unteren 50 % weniger als 10 % des weltweiten Einkommens entfallen. Daran hat sich in den vergangenen 100 Jahren wenig verändert. Im Vergleich zum Jahr 1820 hat der Anteil sogar abgenommen, wie Abbildung 5 zeigt.

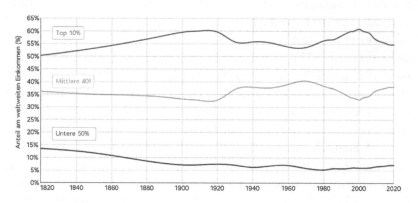

Abb. 5: Globale Einkommensungleichheit (Chancel, et al., 2021, S. 8)

Die Verantwortlichen des Klimawandels klar zu benennen, die damit verbundenen Ungleichheiten und Ungerechtigkeiten anzuerkennen und die Beteiligung von verwundbaren Ländern des Globalen Südens an Entscheidungen, die die Finanzierung von Klimaschutz- und Klimaanpassungsmaßnahmen betreffen, sind wichtige Schritte hin zu mehr Klimagerechtigkeit. Am meisten Fortschritte wurden und werden beim Ausbau der erneuerbaren Energien erzielt, die langfristig gesehen fossile Energieträger wie Öl und Kohle verdrängen werden. Für die Dekarbonisierung der Weltwirtschaft ist das ein zentraler Schritt, für die Einhaltung der Pariser Klimaziele wird er jedoch zu spät kommen.

Eine wirkliche Klimagerechtigkeit wird sich nur erreichen lassen, wenn wir die globalen Ungleichheiten und Ungerechtigkeiten verringern. Dazu müssten Länder des Globalen Nordens strukturelle Benachteiligungen des Globalen Südens in allen Bereichen abbauen, angefangen vom Handel, über das Wirtschafts- und Finanzsystem bis hin zur Energie- und Geopolitik. Da dies mit einem Machtverlust des Globalen Nordens einhergeht, darf bezweifelt werden, ob es dazu kommt. Für eine (klima-)gerechtere Welt ist es unumgänglich.

Literaturverzeichnis

ADELMAN, SAM / KOTZÉ, LOUIS: "Introduction: Climate Justice in the Anthropocene". *Oñati Socio-Legal Series*. 11(1), 2021, S. 30–43.

BUHAUG, HALVARD / UEXKULL, NINA VON: "Vicious Circles: Violence, Vulnerability, and Climate Change". *Annual Review of Environment and Resources*. 46(1), 2021, S. 545–568.

CHANCEL, LUCAS / PIKETTY, THOMAS / SAEZ, EMMANUEL / ZUCMAN, GABRIEL: *World Inequality Report 2022*. World Inequality Lab. Paris, 2021.

Copernicus: *Warmest January on record, 12-month Average over 1.5°C above Preindustrial*, retrieved 18.04.2024, from https://climate.copernicus.eu/warmest-january-record-12-month-average-over-15degc-above-preindustrial#:~:text=Samantha%20Burgess%2C%20Deputy%20Director%20of,C%20above%20the%20pre%2Dindustrial, 2024.

ENGELS, ANITA / MAROTZKE, JOCHEM / GONÇALVES GRESSE, EDUARDO / LÓPEZ-RIVERA, ANDRÉS / PAGNONE, ANNA / WILKENS, JAN: *Hamburg Climate Futures Outlook 2023: The plausibility of a 1.5°C limit to global warming – Social drivers and physical processes*. Cluster of Excellence Climate, Climatic Change, and Society. Hamburg, 2023.

FRIEDLINGSTEIN, PIERRE / JONES, MATTHEW W. / O'SULLIVAN, MICHAEL / ANDREW, ROBBIE M. / BAKKER, DOROTHEE C. E. / HAUCK, JUDITH / LE QUÉRÉ, CORINNE / PETERS, GLEN P. / PETERS, W. / PONGRATZ, J. / SITCH, S. / CANADELL, J. G. / CIAIS, P. / JACKSON, R. B. / ALIN, S. R. / ANTHONI, P. / BATES, N. R. / BECKER, M. / BELLOUIN, N. / BOPP, L. / CHAU, T. T. T. / CHEVALLIER, F. / CHINI, L. P. / CRONIN, M. / CURRIE, K. I. / DECHARME, B. / DJEUTCHOUANG, L. M. / DOU, X. / EVANS, W. / FEELY, R. A. / FENG, L. / GASSER, T. / GILFILLAN, D. / GKRITZALIS,

T. / Grassi, G. / Gregor, L. / Gruber, N. / Gürses, Ö. / Harris, I. / Houghton, R. A. / Hurtt, G. C. / Iida, Y. / Ilyina, T. / Luijkx, I. T. / Jain, A. / Jones, S. D. / Kato, E. / Kennedy, D. / Klein Goldewijk, K. / Knauer, J. / Korsbakken, J. I. / Körtzinger, A. / Landschützer, P. / Lauvset, S. K. / Lefèvre, N. / Lienert, S. / Liu, J. / Marland, G. / McGuire, P. C. / Melton, J. R. / Munro, D. R. / Nabel, J. E. M. S. / Nakaoka, S. I. / Niwa, Y. / Ono, T. / Pierrot, D. / Poulter, B. / Rehder, G. / Resplandy, L. / Robertson, E. / Rödenbeck, C. / Rosan, T. M. / Schwinger, J. / Schwingshackl, C. / Séférian, R. / Sutton, A. J. / Sweeney, C. / Tanhua, T. / Tans, P. P. / Tian, H. / Tilbrook, B. / Tubiello, F. / van der Werf, G. R. / Vuichard, N. / Wada, C. / Wanninkhof, R. / Watson, A. J. / Willis, D. / Wiltshire, A. J. / Yuan, W. / Yue, C. / Yue, X. / Zaehle, S. / Zeng, Jiye: "Global Carbon Budget 2021". *Earth Syst. Sci. Data.* 14(4), 2022, S. 1917–2005.

Friedrich, Doris: "Climate Justice and Intersectionality in the Arctic". *Sibirica.* 22(1), 2023, S. 5–32.

Hurri, Karoliina: "Rethinking climate leadership: Annex I Countries' Expectations for China's Leadership Role in the post-Paris UN Climate Negotiations". *Environmental Development.* 35, 2020, 100544.

IPCC: *Climate Change 2021: The Physical Science Basis.* Cambridge University Press. Cambridge, 2021.

IPCC: *Climate Change 2022: Impacts, Adaptation and Vulnerability.* Cambridge University Press. Cambridge, 2022.

IPCC: *Climate Change 2023 Synthesis Report.* IPCC. Genf, 2023.

IPCC Deutsche Koordinierungsstelle: *Abbildungen AR6-WGI-SPM,* retrieved 18.04.2024, from https://www.de-ipcc.de/360.php, 2023.

Myers, Krista F. / Doran, Peter T. / Cook, John / Kotcher, John E. / Myers, Teresa A.: "Consensus Revisited: Quantifying Scientific Agreement on Climate Change and Climate Expertise among Earth Scientists 10 Years Later". *Environmental Research Letters.* 16(10), 2021, 104030.

NASA: *Global Temperature,* retrieved 18.04.2024, from https://climate.nasa.gov/vital-signs/global-temperature/?intent=121#:~:text=Overall%2C%20Earth%20was%20about%202.45,are%20the%20warmest%20on%20record, 2024.

OECD: *The Polluter-Pays Principle*. Organisation for Economic Cooperation and Development. Paris, 1992.

OECD: *Climate Finance and the USD 100 Billion Goal – Aggregate Trends of Climate Finance Provided and Mobilised by Developed Countries in 2013–2020*. OECD. Paris, 2022.

Rheinland-Pfalz Kompetenzzentrum für Klimafolgen: *Kohlendioxid in der Atmosphäre*, retrieved 18.04.2024, from https://www.klimawandel-rlp.de/de/daten-und-fakten/klimawandel-global/kohlendioxid-in-der-atmosphaere/#:~:text=Bereits%20bis%202030%20sollen%20die%20Emissionen%20um%2065%20Prozent%20gegen%C3%BCber%201990%20sinken.&text=Da%20Kohlendioxid%20eine%20Verweildauer%20in,%2C38%20ppm)%20reduziert%20werden, 2024.

Scheffran, Jürgen / Ide, Tobias / Schilling, Janpeter: "Violent Climate or Climate of Violence? Concepts and Relations with Focus on Kenya and Sudan". *The International Journal of Human Rights*. 18(3), 2014, S. 369–390.

Schilling, Janpeter / Akuno, Moses / Scheffran, Jürgen / Weinzierl, Thomas: *On Raids and Relations: Climate Change, Pastoral Conflict and Adaptation in Northwestern Kenya*. Bronkhorst, S./Bob, U., S. 241–268.

Schilling, Janpeter / Freier, Korbinian P. / Hertig, Elke / Scheffran, Jürgen: "Climate change, Vulnerability and Adaptation in North Africa with Focus on Morocco". *Agriculture, Ecosystems & Environment*. 156(0), 2012, S. 12–26.

Schilling, Janpeter / Locham, Raphael / Weinzierl, Thomas / Vivekananda, Janani / Scheffran, Jürgen: "The Nexus of Oil, Conflict, and Climate Change Vulnerability of Pastoral Communities in Northwest Kenya". *Earth System Dynamics*. 6(2), 2015, S. 703–717.

Schlosberg, David: "Reconceiving Environmental Justice: Global Movements And Political Theories". *Environmental Politics*. 13(3), 2004, S. 517–540.

Statista: *CO$_2$-Emissionen: Größte Länder nach Anteil am weltweiten CO$_2$-Ausstoß im Jahr 2022*, retrieved 18.04.2024, from https://de.statista.com/statistik/daten/studie/179260/umfrage/die-zehn-groessten-c02-emittenten-weltweit/, 2024a.

Statista: *Regional Carbon Dioxide (CO2) Emissions Worldwide from 2000 to 2020, with a Forecast until 2050*, retrieved 18.04.2024, from https://www.statista.com/statistics/1257778/global-emission-worldwide-region-outlook/, 2024b.

Statistisches Bundesamt: *735 Millionen Menschen weltweit haben nicht genug zu essen*, retrieved 18.04.2024, from https://www.destatis.de/DE/Themen/Laender-Regionen/Internationales/Thema/landwirtschaft-fischerei/Unterernaehrung.html, 2023.

UNEP: *UN Resolution Billed as a Turning Point in Climate Justice*, retrieved 06.10.2023, from https://www.unep.org/news-and-stories/story/un-resolution-billed-turning-point-climate-justice, 2023.

UNFCCC: *Nationally Determined Contributions under the Paris Agreement*, retrieved 24.10.2022, from https://unfccc.int/documents/306848, 2021.

University of Oxford: *GDP per Capita, 2021*, retrieved 22.09.2023, from https://ourworldindata.org/grapher/gdp-per-capita-worldbank, 2023.

WANG, DI / FANG, YUZHU: "Global Climate Governance Leadership: Current Status, Measurement, and Improvement Paths". *Journal of Cleaner Production.* 434, 2024, 139619.

Weltbank: *Poverty Headcount Ratio at $2.15 a Day (2017 PPP) (% of Population)*, retrieved 18.04.2024, from https://data.worldbank.org/indicator/SI.POV.DDAY?end=2023&start=1963, 2023.

Birgitta Annette Weinhardt*

Weltangst und Verantwortung. Hans Jonas' Weg zum „Prinzip Verantwortung" und dessen Relevanz in der heutigen Klimadebatte

Am Anfang des Jahres 2023 fand die Räumung des Dorfes Lützerath statt, das mit Umweltaktivistinnen besetzt war. Über die Medien konnte man die Proteste gegen die weitere Braunkohleförderung durch RWE mitverfolgen, die nicht abklingen wollten. Eines der bekanntesten Gesichter der Bewegung *Fridays for Future*, Luisa Neubauer, hielt im Zuge ihres Protests ein bekanntes philosophisches Buch in die Kameras: Das *Prinzip Verantwortung* von Hans Jonas.

Dieses bereits 1979 erschienene Werk – und auch Hans Jonas selbst – erhielten nach Lützerath sehr viel mediale Aufmerksamkeit. *Deutschland Kultur* betitelte Jonas etwa als den *Lieblingsdenker der Klimabewegung*,[1] der Südwestdeutsche Rundfunk bezeichnete ihn gar als den *Philosophen von Lützerath*.[2] Aber auch Robert Habeck hatte sich in der Suhrkamp-Neuausgabe in Form eines Nachworts mit dem Jonas'schen Werk auseinandergesetzt. Habeck meint allerdings im *Prinzip Verantwortung* einen Ökototalitarismus erkennen zu können, dem die Natur über alles gehe. Wenn Menschen nicht freiwillig ökologisch korrekt handeln, dann wolle Jonas sie dazu zwingen.[3] Außerdem schreibt Habeck, *Das Prinzip*

---

* Kirchliche Hochschule Wuppertal, Systematische Theologie und Philosophie, (E-Mail: birgitta.weinhardt@kiho-wuppertal.de).
1 https://www.deutschlandfunkkultur.de/philosoph-hans-jonas-lieblingsdenker-klimabewegung-prinzip-verantwortung-100.html.
2 https://www.ardaudiothek.de/episode/swr2-forum/der-philosoph-von-luetzerath-hans-jonas-und-die-klimakrise/swr2/12359381/.
3 Vgl. HABECK, ROBERT: Nachwort. Ein politischer Imperativ, in: JONAS, HANS: Das Prinzip Verantwortung. Versuch einer Ethik für die technische Zivilisation, Suhrkamp: Frankfurt a. M. 2020, (400–418), 415.

Verantwortung kreise „immer wieder um theologische Fragen".[4] „Sein Beispiel für die Verantwortungsübernahme ist das Gefühl, das sich beim Anblick eines Säuglings einstellt. Obwohl das Kind keinen Anspruch formulieren kann, umfasst uns ein moralisches Verlangen, es zu schützen." Nach Jonas verweise „das begleitende Gefühl [...] auf Transzendenz". Durch die Ehrfurcht werde man auf „ein ‚Heiliges' " verwiesen.[5]

Wir werden auf diese ministeriellen Feststellungen zurückkommen, nachdem wir einen Blick auf Jonas' langen Weg zu seinem *opus magnum* zurückgeworfen haben. Nach einem kurzen Durchgang durch die Biographie von Hans Jonas (1) werde ich die Grundgedanken von zweien seiner wichtigsten Werke herausstellen, soweit sie zum Verständnis des *Prinzips Verantwortung* beitragen. Dabei handelt es sich um seine Studien zur Gnosis, in denen er sich mit dem Gefühl der Weltangst und dem Nihilismus auseinandersetzt (2). Um dieses Lebensgefühl zu überwinden, entwickelte er seine Philosophie des Lebens (3). Anschließend soll *Das Prinzip Verantwortung* selbst zur Sprache kommen (4). Zum Schluss beleuchten wir noch den religionsphilosophischen Hintergrund, der Jonas Denken prägte (5).

1. Biografischer Überblick

Hans Jonas wurde am 10. Mai 1903 in Mönchengladbach geboren. Nach dem Abitur 1921 studierte er Philosophie, Kunstgeschichte und Theologie in Freiburg, wo er Edmund Husserl und Martin Heidegger begegnete. 1921/22 zog Jonas nach Berlin um, wo er sein Studium an der *Friedrich-Wilhelms-Universität* fortsetzte. Zudem studierte er Judaistik an der *Hochschule für die Wissenschaft des Judentums*. Zum Winter 1923/24 kehrte Jonas für zwei Semester nach Freiburg zurück. Mit Heideggers Berufung nach Marburg wechselte auch Jonas dorthin. Er besuchte hier auch neutestamentliche Seminare bei Rudolf Bultmann. 1928 promovierte Jonas über den *Begriff der Gnosis* bei Martin Heidegger. 1933 wanderte er zunächst nach England aus, 1934 nach Palästina, wo er seine zukünftige Frau Lore kennen lernt. In den Jahren 1940–45 war er Soldat der

---

4   A.a.O 412.
5   A.a.O 413.

britischen Armee, und zwar in einer speziellen Brigade für ausländische Juden. Als Jonas 1945 nach Deutschland zurückkehrte, erfuhr er von der Ermordung seiner Mutter in Auschwitz im Jahre 1942. Ab dem Wintersemester 1949/50 lehrte er fünf Jahre lang in Montreal. 1955 erhielt er einen Ruf an die *New School for Social Research* in New York. Am 5. Februar 1993 starb er im Alter von 89 Jahren in New Rochelle bei New York.[6]

2. Gnosis, Existentialismus und Naturvergessenheit

Jonas Interesse für die Gnosis wurde durch Rudolf Bultmann geweckt. In dessen neutestamentlichen Seminar übernahm er „ein Referat über den Begriff der Gotteserkenntnis, der *gnosis theou* im Johannesevangelium". Durch diese Arbeit erschlossen sich Jonas zunächst die „religionsgeschichtlichen Hintergründe dieser Begriffswelt", so dass seine Seminarleistung weit über die übliche neutestamentliche Arbeit hinausging. Bultmann war davon so beeindruckt, dass er Jonas vorschlug, über dieses Thema zu promovieren. Jonas Bedenken, dass er kein Neutestamentler werden wolle, konnte Bultmann dadurch zerstreuen, dass er Heidegger als Erstgutachter gewann.[7] 1928 schloss Jonas seine Dissertation Zum *Begriff der Gnosis* in Marburg ab.[8] Die Veröffentlichung seiner Dissertationsschrift zog sich über einen langen Zeitraum, so dass Jonas diese Phase seines Schaffens als ein „nicht enden wollendes Forschungsprojekt für manches kommende Jahrzehnt" bezeichnet.[9]

Erst nach seiner Emigration aus Deutschland kam 1934 ein erster Teil seiner Arbeit unter dem Titel *Gnosis und spätantiker Geist. Die mythologische Gnosis* heraus. Die erste Hälfte des zweiten Bandes wurde zwanzig Jahre später mit dem Untertitel *Von der Mythologie zur mystischen Philosophie* veröffentlicht. Die zweite Hälfte erschien schließlich in seinem Todesjahr. Dazwischen veröffentlichte Jonas eine englische Überarbeitung

---

6 Vgl. JONAS, HANS: Erinnerungen, Insel Verlag: Frankfurt a. M. und Leipzig 2003, 475–479.
7 A. a. O. 117.
8 A. a. O. 119.
9 JONAS, HANS: Wissenschaft als persönliches Erlebnis, Vandenhoeck & Ruprecht: Göttingen 1987; Online Ausgabe von 2011, 49.

seiner Gnosis-Studien (1958), die postum von Christian Wiese in die Muttersprache übersetzt wurde (1999).[10]

Bei der spätantiken Gnosis handelt es sich bekanntlich um eine religiöse Strömung, in der geheimes Wissen eine zentrale Rolle spielt. Wer diesem Wissen entsprechend handelt, kann aus dem elenden irdischen Leben erlöst werden. Die gnostischen Gruppen scharten sich um jeweils verschiedene Erlöserfiguren. Bei den christlichen Gnostikern war dies Jesus von Nazaret. Der gnostische Jesus hatte aber mit dem Bild, das die Evangelien von ihm zeichneten, kaum etwas zu tun.

Am Ende seiner Forschungen zur Gnosis stellte Jonas sie unter vier Hauptaspekten dar: Zunächst handle es sich bei ihr um die „Erkenntnis der Geheimnisse der Existenz" anhand des gnostischen Mythos. Auf einer zweiten, eher intellektuellen Ebene werden diese Vorstellungen zu einem spekulativen System ausgearbeitet. Daraus leiten sich in praktischer Hinsicht die asketischen Vorbereitungen für den zukünftigen Aufstieg der Seele ab. Eine technisch-magische Ebene enthalte schließlich Kenntnisse über Sakramente und Zauberformeln zur Befreiung aus der irdischen Existenz. Mit Hilfe dieser Kenntnisse könne der Gläubige schon in diesem Leben die mystische Gotteserkenntnis erreichen, die immerhin schon einen „Vorgeschmack der künftigen Vollendung" darstelle.[11]

In seinen Gnosis-Studien ging es Jonas nicht in erster Linier um die recht unterschiedlichen historischen Erscheinungsformen der Gnosis. Denn diese bilden lediglich so etwas wie die verschiedenen Konfessionen der Gnosis. Jonas interessiert sich viel mehr für das „gemeinsame[] verstehbare[] Grunderlebnis"[12], das sich in den verschiedenen Strömungen zeigt. Seine Herangehensweise beschreibt er so:

> Mein Ziel [...] war ein philosophisches: den Geist zu begreifen, der aus diesen Stimmen sprach, und in seinem Licht der verblüffenden Vielfalt wieder eine verständliche Einheit zurückzugeben.[13]

---

10 Vgl. JONAS, HANS: Gnosis. Die Botschaft des fremden Gottes, Verlag der Weltreligionen im Insel Verlag: Berlin 2022³, 16 f.; 19; 431.
11 A. a. O. 338 f.
12 JONAS, HANS: Wissenschaft als persönliches Erlebnis, 17.
13 JONAS, Gnosis. Die Botschaft des fremden Gottes, 16.

Jonas will also nicht in historischer Weise die gnostischen Gruppen differenzieren, etwa danach, ob sie Jesus als Erlöserfigur verstehen oder Zarathustra oder irgendwelche griechischen Halbgötter; oder danach, welche Speisen sie für verboten oder erlaubt hielten. Vielmehr möchte er das den Gnostikern gemeinsame grundlegende Lebensgefühl analysieren.

Bei allen gnostischen Gruppen identifiziert Jonas dieselbe innerliche Grundverfassung: Das Leben in der Welt gelte als extrem unerfreulich. Daher zeigen die Gnostiker allesamt eine grundlegende Entweltlichungstendenz. „Der entscheidende Grundzug gnostischen Denkens besteht in dem radikalen Dualismus, der das Verhältnis von Gott und Welt und entsprechend auch jenes von Mensch und Welt beherrscht". Gott stehe außerhalb der Welt und bilde ihr radikales Gegenteil: Er stehe für das Reich des Lichtes, während der Kosmos als ein Reich der Finsternis angesehen werde. Die finstere Welt sei auch gar nicht durch den Gott des Lichtes erschaffen, sondern von bösen und stümperischen Mächten hervorgerufen worden. Deswegen könne Gott auch nicht mittels der natürlichen Vernunft erkannt werden, sondern nur durch ein übernatürliches Offenbarungsereignis.[14]

Diese Weltanschauung habe anthropologische und ethische Konsequenzen. Der Dualismus von Finsternis und Licht werde auch auf den Menschen selbst angewendet. Nach gnostischer Vorstellung bestehe er aus Fleisch, Seele und Geist. Diese Dreiheit gehe auf unterschiedliche Ursachen zurück. Fleisch und Seele seien ein Werk der bösen kosmischen Mächte, und damit ebenfalls den Gesetzen der Welt unterworfen. Der Geist dagegen sei ein Teil des göttlichen Lichts und damit der Welt entgegengesetzt. Doch wie kommt dieser göttliche Funke überhaupt in die widergöttliche Welt? Der gnostische Mythos beantworte diese Frage, indem er ein innergöttliches Drama annehme, wonach der Geist aus der Lichtwelt heraus in die finstere Welt gefallen sei. Um diesen Lichtfunken in der Welt gefangen zu halten, haben die finsteren Mächte den Körper und die Seele des Menschen erschaffen.[15]

Der außerweltliche Gott wirke nun aber aus seiner Lichtwelt in die finstere Welt hinein, und dies in der Form eines Rufs an den Menschen.

---

14 A. a. O. 69.
15 Vgl. a. a. O. 71.

Der Ruf verspreche Erlösung, indem der gefangene Geist im Menschen wieder mit der verletzten Gottheit vereint werden solle. Der Mensch sei aufgefordert, sich auf diesen Ruf zu konzentrieren. Wer ihn wahrnehmen könne, erinnere sich an seine innergöttliche Vorgeschichte. Von da an richte sich das ganze menschliche Streben auf die Heilung und den zukünftigen Ausbruch aus dem Kosmosgefängnis.[16] Der Welt gegenüber hege der über seine Herkunft aufgeklärte Mensch eine tiefe Verachtung.[17]

Jonas schließt aus der gnostischen Weltverachtung und Weltangst auf ein antikes Gefühl der Fremdheit gegenüber der Welt. Sich als Fremder in der Welt wahrzunehmen bedeute aber auch, sich in sie hineingeworfen zu fühlen. Dieser Begriff sei schon bei Heidegger als ein Existential herausgearbeitet worden, d.h. als eine grundsätzliche Struktur der menschlichen Lebenshaltung.[18]

Dass sich Heideggers Existentialphilosophie so auffallend gut dafür eignete, die Strömung der Gnosis zu beschreiben,[19] irritiert Jonas. Er fragt sich, ob die Anwendung der existentialen Analytik auf die Gnosis

---

16 Vgl. JONAS, HANS: Gnosis und spätantiker Geist. Erster Teil: Die mythologische Gnosis, in: SCHRAGE, WOLFGANG / SMEND, RUDOLF (Hrsg.): Forschungen zur Religion und Literatur des Alten und Neuen Testaments 33, Vandenhoeck & Ruprecht: Göttingen 1988⁴, 120 f.
17 Diese Grunderfahrung der Gnostiker steht in einem direkten Gegensatz zum antiken griechischen Denken. Denn von Heraklit bis zu den Stoikern galt der Kosmos als wohlgeordnete Struktur, so dass darauf ein tiefes Weltvertrauen aufbauen konnte.
18 Vgl. JONAS, Gnosis und spätantiker Geist I, 106.
19 Schon in *Gnosis und spätantiker Geist I* verwies Jonas auf den Zusammenhang der Gnosis mit Heideggers Philosophie. Allerdings liege keine literaturgeschichtliche Abhängigkeit vor (89 f.). Noch deutlicher a.a.O. 107: „Nehmen wir die wesentlichen Züge zusammen, die ihr [der Gnosis] mit den übrigen Metaphern dieser Reihe gemeinsam sind: die Passivität, die Unfreiwilligkeit, das Vergangenheitsmoment (d.h. das Vorentschiedene, mit dem Leben als Objekt schon Geschehene), überhaupt das ungewollte Hineinversetztsein des Ich in ein gegebenes Nicht-Ich, das nun seine Welt ist, – so können wir der Versuchung nicht widerstehen, auf den ganz unmythologischen Begriff der ‚Geworfenheit' zurückzugreifen, wie er in sonderbarer Analogie (aber sicherlich auch in letzter, säkularisierender Wiederaufnahme einer von jener Epoche ausgehenden theologischen Tradition) in einer modernen Analytik des Daseins, in Heideggers ‚Sein und Zeit', als eine grundlegende Kategorie des Daseins überhaupt (als ‚Existential') ausgearbeitet wurde."

vielleicht nur deswegen so gut gelinge, weil der Existentialismus selbst eine Art Neo-Gnosis darstellt. Jonas unternimmt zur Überprüfung dieser Hypothese nun umgekehrt eine „gnostische Lesung des Existentialismus".[20] Wichtige Gemeinsamkeiten entdeckt er u.a. im Dualismus, im Nihilismus, aber auch in der Naturvergessenheit.[21]

Aber Jonas schlägt nicht nur den weiten zeitlichen Bogen zwischen der Antike und seiner Gegenwart. Auch am Beginn der Neuzeit findet er schon eine auffallende Parallele zur Gnosis. Bereits Blaise Pascal habe das riesige und stumme kopernikanische Weltall als Anlass menschlicher Verzweiflung erfahren. Nach Pascal wird diese Weltangst durch die unendliche Weite des Weltraumes ausgelöst, die dem Menschen seine Bedeutungslosigkeit bewusst mache. Aber auch die völlige Gleichgültigkeit des Universums, sein eisiges Schweigen gegenüber aller menschlicher Not, sei für das Gefühl des Weltschmerzes verantwortlich.[22]

Diese moderne Form des Nihilismus präge auch den Existentialismus. Denn

[d]er Punkt[...] auf den es in unserem Zusammenhang ankommt, ist der, daß ein Wandel im Bilde der Natur, das heißt der kosmischen Umwelt des Menschen, am Grunde der metaphysischen Situation liegt, die zum modernen Existentialismus und seinen nihilistischen Aspekten geführt hat. Wenn dies aber so ist, wenn das Wesen des Existentialismus ein gewisser Dualismus ist, eine Entfremdung zwischen Mensch und Welt mit dem Verlust der Idee eines verwandten Kosmos [...] dann ist es nicht notwendigerweise die moderne Naturwissenschaft allein, die eine solche Bedingung schaffen kann. Ein kosmischer Nihilismus als solcher [...] würde die Bedingungen liefern, [unter denen sich] gewisse charakteristische Züge des Existentialismus [...] entwickeln können.[23]

Kennzeichnend für den Existentialismus sei ferner nicht nur die gefühlte Fremde gegenüber der Natur, sondern ihre gänzliche Nicht-Beachtung. Die seit dem 19. Jahrhundert fast durchgängig etablierte Evolutionstheorie der Organismen werde im Existentialismus überhaupt nicht berücksichtigt:

---

20 JONAS, Gnosis. Die Botschaft des fremden Gottes, 379.
21 Vgl. a. a. O. 383–388.
22 Vgl. a. a. O. 379 f.
23 A. a. O. 382.

Nie hat eine Philosophie sich so wenig um die Natur gekümmert wie der Existentialismus, für den sie keine Würde behalten hat.²⁴

Jonas wunderte sich darüber, dass sein Lehrer Heidegger den Menschen nicht zumindest auch als ein Naturwesen behandelte, sondern ihn der Natur geradezu entgegensetzte. Rückblickend auf sein Marburger Studium schreibt Jonas:

> Natur aber – seltsam zu sagen – war in meinem Studiengang nicht vorgekommen […]. Bei Heidegger hörte man vom Dasein als Sorge – in geistiger Hinsicht, aber nichts vom ersten physischen Grund des Sorgenmüssens: unserer Leiblichkeit, durch die wir, selber ein Stück Natur, bedürftig-verletzlich in die Umweltnatur verwoben sind – zuunterst durch den Stoffwechsel, die Bedingung alles weiteren […] Keiner unserer Lehrer hielt uns Philosophieschüler dazu an, vom Stand der Naturwissenschaft Kenntnis zu nehmen.²⁵

Diese Weltlosigkeit der gesamten zeitgenössischen Philosophie, die sowohl mit einem Dualismus als auch mit einem Nihilismus einhergehe, möchte Jonas in seinem Werk *Das Prinzip Leben* überwinden.

3. Das Prinzip Leben. Ansätze zu einer philosophischen Biologie

Jonas beabsichtigt mit seiner Philosophie eine „,ontologische' Auslegung biologischer Phänomene". Mit geschärften Blick kommt er gleich anfangs erneut auf seine Kritik am naturvergessenen Existentialismus zurück:

> Der zeitgenössische Existentialismus, wie manche Philosophie vor ihm gebannt auf den Menschen allein blickend, pflegt *ihm* als einzigartige Auszeichnung und Last vieles von dem zuzusprechen, was im organischen Dasein als solchen wurzelt: damit entzieht er dem Verständnis der organischen Welt die Einsichten, welche die menschliche Selbstwahrnehmung zu seiner Verfügung stellt, und verfehlt darüber auch die wirkliche Scheidelinie zwischen Tier und Mensch.²⁶

---

24 Vgl. JONAS, Hans: Das Prinzip Leben. Ansätze zu einer philosophischen Biologie, Suhrkamp: Frankfurt a. M. 2011², 369. Die deutsche Erstveröffentlichung erschien 1973 unter dem Obertitel *Organismus und Freiheit*. Der Untertitel hat sich nicht geändert. Die englische Erstveröffentlichung 1966 lautete: The *Phenomenon of Life. Toward a Philosophical Biology*.
25 JONAS, Wissenschaft als persönliches Erlebnis, 19 f.
26 JONAS, Das Prinzip Leben, 9.

Um diese verengte Perspektive zu korrigieren, ließ sich Jonas sehr weitgehend auf die Naturwissenschaften ein. Dabei setzte er sich aber auch sehr kritisch mit dem Positivismus und dem Materialismus auseinander, der die neuzeitliche Naturwissenschaft präge. Die seiner Auffassung nach haltbaren naturwissenschaftlichen Theorien stellte er hingegen in einen weiteren philosophischen Zusammenhang.

In der Evolutionstheorie erblickt auch Jonas eine „kopernikanische Revolution", jedoch nicht nur für die Biologie, sondern auch für die Ontologie, da sie ja ein „apokrypher Vorfahre [...] des heutigen Existentialismus" sei.[27] Der Nihilismus dieser Strömung gehe letztlich auf Nietzsche zurück, und dessen Philosophie sei „nachweislich mit dem Auftreten des Darwinismus verbunden."[28] Durch Darwin werde die teleologische Zielgerichtetheit der Natur durch „ein schieres Abenteuer mit völlig unvorhersehbarem Verlauf" ersetzt. Die Welt, die Geschichte habe kein Ziel und keinen Zweck mehr. Das Leben spiele sich in „einer planlosen, offenendigen Abenteuerlichkeit" ab.[29] Daher bezeichnet Jonas die Evolutionstheorie als „ein philosophisches Ereignis ersten Ranges", welches „den Anti-Platonismus des modernen Geistes machtvoll bestätigt."[30]

Mit diesem Ergebnis der wissenschaftlichen Entwicklung ist Jonas nicht einverstanden. Natürlich möchte er das Rad der Zeit nicht zurückdrehen. Aber er hält es nicht für richtig, „die Normen mechanischer Materie bis ins Herz der anscheinend heterogenen Klasse von Phänomenen auszudehnen und Teleologie sogar aus der ‚Natur des Menschen' zu verbannen". Wer dieses Ziel verfolge, der entfremde „den Menschen sich selbst [...] und [spreche] der Selbsterfahrung des Lebens die Echtheit ab". Im Gegensatz zur modernen Haltung plädiert Jonas dafür,

> die Anwesenheit zweckgerichteter Innerlichkeit in einem Teil der physischen Ordnung, nämlich im Menschen, als gültiges Zeugnis für die Natur jener weiteren Wirklichkeit zu verstehen, die sie aus sich hervorgehen ließ, und das, was sie in sich selbst offenbart, als Teil der allgemeinen Evidenz anzunehmen.[31]

---

27 A. a. O. 86.
28 A. a. O. 87.
29 A. a. O. 84.
30 Ebd.
31 A. a. O. 71.

Mit diesem Rehabilitationsversuch einer Teleologie des Naturprozesses möchte Jonas den philosophischen Nihilismus zurückdrängen. Auffallend ist dabei, dass mit dem Begriff der Teleologie religionsphilosophische Vorstellungen anklingen, die oft nicht expliziert werden. Wir kommen darauf noch einmal zu sprechen,[32] folgen jedoch zunächst der philosophisch-biologischen Gedankenentwicklung von Jonas' Werk.

Im *Prinzip Leben* besteht einer der philosophisch wichtigsten Gedankengänge darin, im Weltprozess eine Gerichtetheit auf Leben und dessen Komplexitätszunahme aufzuzeigen. Jonas begreift die verschiedenen Lebewesen als eine „ansteigende Stufenfolge" und verfolgt dabei die schon von Aristoteles entwickelte Idee „einer progressiven Auflagerung von Schichten, mit Abhängigkeit jeder höheren von den niedrigeren und Beibehaltung aller niedrigeren in der jeweils höchsten".[33] Dabei zeigen besonders die Tiere eine starke Differenzierung auf der Skala zwischen primitiv und entwickelt. Beispielsweise gebe es stark unterschiedliche Grade im Hinblick auf die „Empfindlichkeit der Sinne und Intensität der Triebe, Beherrschung der Glieder und Vermögen des Handelns, Reflexion des Bewußtseins und Griff nach der Wahrheit".[34] Die Existenz der Organismen wird nach Jonas wesentlich durch ihre eigene Funktion, ihr eigenes Interesse und ihre eigene Leistung aufrechterhalten. Jeder Organismus habe im Lebensprozess ein zweifaches Verhältnis zu seiner stofflichen Substanz. Er sei einerseits abhängig von seinem Stoff, weil er sich selbst immer wieder durch dessen Aneignung herstellen müsse. Ein Lebewesen sei aber aufgrund seiner organismischen Form auch dazu fähig, sich durch die Aneignung des Stoffes immer wieder selbst lebendig zu erhalten. „Die organische Form steht in einem Verhältnis *bedürftiger Freiheit* zum Stoffe." Damit sei das Verhältnis von Stoff und Form völlig anders charakterisiert als in der materialistischen Wissenschaft. Denn hier sei die Form zum Wesen geworden und der Stoff zum Akzidens.[35]

---

32 Vgl. u. Abschnitt 5.
33 JONAS, Das Prinzip Leben, 16.
34 A. a. O. 16.
35 A. a. O. 151. Jonas meint damit, dass bei den Lebewesen ihre strukturelle Form das Wesentliche sei, die über ihre Lebenszeit hinweg beständig sei (also ihre Substanz, ihr Wesen, bilde), während die materiellen Bestandteile der Organismen, die Atome und Moleküle, aus denen sie bestehen, sich durch den

Alle Organismen stehen in einer Dialektik von Freiheit und Notwendigkeit. Sie haben die Fähigkeit, sich ihren Stoff immer wieder neu anzueignen; aber sie stehen auch unter der Notwendigkeit der fortdauernden Aneignung ihres Stoffes, um weiter zu leben. „Ihre ‚Freiheit' ist ihre Notwendigkeit, das ‚Kann' wird zum ‚Muß', wenn es gilt, zu sein, und dies ‚zu sein' ist es, worum es allem Leben geht." Der Stoffwechsel eines jeden Organismus ermögliche einen souveränen Umgang mit der Welt der Materie, sei aber auch eine zwingende Auflage für sein Fortbestehen.[36]

Zwischen tierischem und pflanzlichem Organismus besteht nach Jonas ein entscheidender Stufenunterschied. Die Pflanze wächst stets am Ort ihrer Nahrung, während das Tier seine Nahrung suchen und finden muss, was nicht selbstverständlich sei. Fleischfressende Tiere zerstören sogar ihre eigene Materie (ihre Nahrungsressourcen) zunehmend und müssen daher immer größere Anstrengungen anstellen, um sich weiterhin am Leben zu erhalten. Der Erfolg sei dabei nicht gesichert.[37] Die Welt der Tiere sei damit

> zugleich einladend und bedrohend. Sie enthält die Dinge, deren das einsame Tier bedarf [...] Sie enthält ebenso die Gegenstände der Furcht, und da das Tier fliehen kann, muß es davor fliehen. In dieser Welt ist das Tier kein stabil eingefügter Teil. Überleben wird eine Sache des Verhaltens [...]. Diese prekäre und ausgesetzte Art zu sein verpflichtet zu Wachheit und Bemühung, während pflanzliches Leben schlummern kann.[38]

Auf der höchsten Stufe der Organismen stehe der Mensch. Er verfüge sowohl über das ausgeprägteste Erkenntnisvermögen als auch über die weitreichendste Handlungsfähigkeit bezüglich seiner selbst und der Umwelt, über das am stärksten ausgeprägte ‚Wissen' und die durchgreifendste ‚Macht'.[39] Was beim Menschen jedoch zu der allgemein

---

Stoffwechsel ständig erneuern (also für das Lebewesen lediglich akzidentiell sind). Einer materialistisch orientierten Naturwissenschaft wirft Jonas vor, dass sie in den wechselnden Materieteilchen im Stoffwechsel der Lebewesen das Wesentliche sehen, während ihre komplexe Struktur den akzidentiellen und vergänglichen Charakter bilde.
36 A. a. O. 158.
37 Vgl. a. a. O. 191 f.
38 A. a. O. 192.
39 A. a. O. 16.

organismischen Verfasstheit mit ihrer Dialektik von Freiheit und Notwendigkeit hinzukommt, ist seine weitreichende Reflexionsfähigkeit. Er steht in seinem Handeln oft vor verschiedenen Optionen, und „mit diesem Ansinnen einer Wahl geht die Biologie in Ethik über." Die Ethik bildet eine neue Stufe der evolutionären „,Spiegelung' der Welt". Diese beginne

> mit dem dunkelsten Fühlen irgendwo auf den untersten Sprossen der Tierleiter, ja schon mit der elementarsten Reizung organischer Empfindlichkeit als solcher, in der irgendwie schon Andersheit, Welt und Objekt keimhaft ‚erfahren', d.h. subjektiv gemacht und erwidert werden.[40]

In seinen Ausführungen schlägt Jonas damit einen argumentativen Bogen von der empirischen Naturwissenschaft über die biologischen Formen bis hin zum Menschen, der seinerseits mit den Tieren fast alles gemeinsam hat. Die Scheidelinie zwischen Mensch und Tier bestehe lediglich in der Fähigkeit des Menschen zur ethischen Reflexion und Urteilsbildung.

Diese Lebensanschauung vermittelt die Evolutionsbiologie mit dem existentialistisch verstandenen Menschen. Jonas hat Pflanzen und Tiere in biologischer Hinsicht verglichen; die Tiere auch noch in ihrer Differenzierung zwischen ursprünglicheren und weiter entwickelten Formen. Biologisch vertritt der Mensch die höchste Stufe der tierischen Entwicklung: Er ist zur Ethik fähig.

Diese taxonomischen Unterschiede lassen den Menschen als den bisherigen Endpunkt der Evolution erscheinen, gleichzeitig auch als das mächtigste und reflexionsfähigste Wesen. Aber dadurch erhält der Mensch bei Jonas keine absolute Sonderstellung im Vergleich zu den nichtmenschlichen Organismen. Denn aus existenzphilosophischer Perspektive leben sowohl die Pflanzen und Tiere als auch der Mensch ständig in Sorge um sich selbst. Also ist nicht nur der Mensch allein ständig „ins Nichts gehalten", sondern seine biologischen Verwandten ebenfalls. Obwohl er die höchst entwickelte Lebensform darstellt, ist er in der Natur auf dieselbe Weise verankert wie Pflanzen und Tiere.

Die Existenzialität aller Lebewesen ist also dieselbe. Aber der Mensch alleine trägt die Verantwortung für den Fortbestand des Lebens. Dadurch erhält er doch wieder eine Sonderstellung. Mit dieser Variante

---

40 A. a. O. 17.

der Sonderstellung will Jonas schließlich den Gedanken der Teleologie begründen. Aber wie durchschlagend ist dieses Argument? Jonas erwägt hypothetisch, dass die kosmische Evolution auf den Menschen hin auf eine teleologische Zwecksetzung zurückgeführt werden könnte, wie sie etwa ein

> Schöpfer des bestehenden Natursystems einmalig ausgeübt haben könnte, als er es zu dem schuf, was es ist: jede Endabsicht seinerseits bei der Anfangsverteilung der Allmaterie wäre vollverträglich mit einer strikt mechanischen Wirkweise dieser Materie, die eben auf diese Weise seine Absicht verwirklichen würde.[41]

Im *Prinzip Leben* wird diese Hypothese nur nebenbei eingeführt, um zu zeigen, dass der Evolutionsprozess nicht nihilistisch verstanden werden müsse. Im *Prinzip Verantwortung* tritt die Alleinverantwortlichkeit des Menschen für den Fortbestand des Lebens schließlich ganz ausdrücklich in den Vordergrund.

4. Das Prinzip Verantwortung. Versuch einer Ethik für die technische Zivilisation

Jonas Buch *Das Prinzip Verantwortung* gilt als eine seiner erfolgreichsten Schriften. Für dieses Werk erhielt er auch den *Friedenspreis des Deutschen Buchhandels*. Die breite Rezeption des Buches führte wohl auch dazu, dass einige seiner Thesen herausgelöst wurden. Das Bewusstsein für den metaphysischen Unterbau schwand mit der Zeit. In seinen *Erinnerungen* bemerkt Jonas dazu:

> Die enorme Wirkung von *Das Prinzip Verantwortung* hängt [...], wenn ich es richtig einschätze, nicht mit seiner philosophischen Grundlegung zusammen, sondern verdankt sich dem allgemeinen Gefühl [...], daß mit unserer Menschheit etwas schiefgehen könnte, daß sie sogar eventuell drauf und dran ist, in diesem übermäßig werdenden Wachstum technischer Eingriffe in die Natur ihre eigene Existenz aufs Spiel zu setzen [...]. Mir scheint, diese erwachende und höchst berechtigte Furcht vor den Bedrohlichkeiten der Zeit hat meinem Buch zu einem solchen Erfolg verholfen, während ich die Wirkung der Seinsphilosophie bezweifle.[42]

---

41 A. a. O 65.
42 JONAS, Erinnerungen, 326.

Wenn wir im Folgenden auf einige wichtige Gedanken aus dem *Prinzip Verantwortung* eingehen, stoßen wir dabei auch wieder auf den metaphysischen Hintergrund, den Jonas bereits in seiner *philosophischen Biologie* erarbeitete. Jonas beginnt *Das Prinzip Verantwortung* mit dem Mythos von Prometheus: Der jetzt erst

> endgültig entfesselte Prometheus, dem die Wissenschaft nie gekannte Kräfte und die Wirtschaft den rastlosen Antrieb gibt, ruft nach einer Ethik, die durch freiwillige Zügel seine Macht davor zurückhält, dem Menschen zum Unheil zu werden. Daß die Verheißung der modernen Technik in Drohung umgeschlagen ist [...], bildet die Ausgangsthese des Buches. Die dem Menschenglück zugedachte Unterwerfung der Natur hat im Übermaß ihres Erfolges, der sich nun auch auf die Natur des Menschen selbst erstreckt, zur größten Herausforderung geführt [...].[43]

4.1 Zur Kritik der modernen Technik

Mit der modernen Technik habe sich der Mensch ein gigantisches Machtinstrument geschaffen, dessen Einsatz nicht nur Folgen für die Gegenwart habe, sondern sich auf die Zukunft der ganzen Welt und zukünftiger Generationen erstrecken könne. Jonas kritisiert die Technik aus ethischen Gründen.[44] Denn in der Antike reichte die Technik erst nur so weit, dass sie dem von Natur aus spärlich ausgestatteten Menschen mit der Stadt einen sicheren Ort des Lebens erfand.[45] In der Gegenwart jedoch greift die Technik über jede Grenze hinaus. Die ganze Umwelt werde künstlich überformt. Diese technisierte Umwelt wirke nun zurück auf den Menschen, der sie erfunden hat.

Nach Jonas hat der Mensch bisher seine Macht mittels der Technik noch immer ausgedehnt; nun aber zwinge die Technik den Menschen dazu, immer noch mehr Technik zu produzieren, nur um auf dem inzwischen erreichten Niveau noch verharren zu können. Die Kräfte des Menschen werden an die Technik gebunden, wodurch er von ihr abhängig werde. Dadurch verschieben sich die Machtverhältnisse und damit auch

---

43 JONAS, Hans: Das Prinzip Verantwortung. Versuch einer Ethik für die technologische Zivilisation, Insel Verlag: Frankfurt am Main 1979, Suhrkamp: Frankfurt am Main 1984, 7.
44 Vgl. ebd.
45 Vgl. a. a. O. 18 f.

das menschliche Selbstverständnis: Nicht mehr der Mensch herrsche über die Technik, sondern die Technik herrsche über den Menschen.[46]

Aber nicht nur das Selbstverständnis des Menschen, seine Identität, werde durch die Technik bedroht, sondern schon seine bloße Existenz. Sogar das Aussterben der Menschheit insgesamt erscheine als Drohung am Horizont. Daher müsse die Ethik ab sofort auch die unumkehrbaren Fernwirkungen des technischen Fortschritts mitbedenken. Denn die abschätzbaren Folgen einer ungezügelten Technik betreffen nicht nur die gegenwärtige Generation, sondern auch die weiter entfernten. Bei dieser Technikfolgen-Abwägung dürfe man sich nicht auf die eher wahrscheinlichen Verläufe verlassen.[47] Vielmehr müsse man auch die schlimmstmöglichen Konsequenzen einer jeden zukunftsbezogenen Handlungsoption mitbedenken. Dies nennt Jonas die „Heuristik der Furcht".[48]

Jonas ist der Gedanke besonders wichtig, dass nicht nur das bloße *Weiterexistieren* des Menschen auf dem Planeten gesichert werden soll. Es gehe auch darum, dass er *in menschenwürdiger Weise* überlebe.[49] Jonas befürchtet, dass in ferner Zukunft zwar noch Menschen auf der Erde leben könnten, aber nur noch unter Bedingungen, die als unmenschlich zu bezeichnen wären.[50]

4.2 Der neue Imperativ

In Aufnahme von Kants kategorischem Imperativ formuliert Jonas einen neuen Imperativ für das Anliegen einer in menschenwürdiger Weise bewohnbare Erde. Dieser ökologische Imperativ lautet:

> ‚Handle so, daß die Wirkungen deiner Handlung verträglich sind mit der Permanenz echten menschlichen Lebens auf Erden'; oder negativ ausgedrückt: ‚Handle so, daß die Wirkungen deiner Handlung nicht zerstörerisch sind für die künftige Möglichkeit solchen Lebens'; oder einfach: ‚Gefährde nicht die Bedingungen für

---

46 Vgl. a. a. O. 31 f.
47 Vgl. a. a. O. 67.
48 Vgl. a. a. O. 7. Vgl. dazu auch DÜRRENMATT, FRIEDRICH: Die Physiker. Eine Komödie in zwei Akten, WA 7, Diogenes: Zürich, 2020, 91: „Eine Geschichte ist erst ganz zu Ende gedacht, wenn sie ihre schlimmstmögliche Wendung genommen hat."
49 Vgl. Jonas, Das Prinzip Verantwortung, 393.
50 Vgl. a. a. O. 8.

den indefiniten Fortbestand der Menschheit auf Erden'; oder, wieder positiv gewendet ‚Schließe in deine gegenwärtige Wahl die zukünftige Integrität des Menschen als Mit-Gegenstand deines Wollens ein'.[51]

Jonas meint, dass im Gegensatz zu Kants Imperativ der ökologische eher an die öffentliche Politik als an privates Verhalten gerichtet sei. Ein weiterer Unterschied der beiden Formeln liege darin, dass Kant die Übereinstimmung des subjektiven Willens mit der jeweils *gegenwärtigen* allgemeinen Ethik fordere. Jonas hingegen fordert eine gegenwärtige Ethik, die verallgemeinerbar sein müsse mit dem Leben *zukünftiger* Generationen.[52] Ferner unterscheiden sich die beiden Formeln darin, dass ein Verstoß gegen den ökologischen Imperativ nicht selbstwidersprüchlich sei. Denn es sei durchaus denkmöglich, dass ein Mensch das gegenwärtige Gut eines technologiebasierten Lebens beibehalten möchte, selbst wenn dadurch das Leben zukünftiger Generationen verhindert würde. Noch gebe es kein Recht zukünftiger Personen auf ihre mögliche Existenz. Jonas ist zudem der Meinung, dass dieses Recht zukünftiger Personen „theoretisch garnicht leicht und vielleicht ohne Religion überhaupt nicht zu begründen" sei. Daher behandelt Jonas seinen Imperativ zunächst lediglich als „Axiom".[53] Aber er stellt auch schon einen neuen metaphysischen Begründungsversuch für ihn vor.

4.3 Die metaphysische Begründung der Ethik

Der *erste* Baustein zur Begründung seiner Ethik besteht in der Pflicht zur Zukunft als allgemeiner Menschenpflicht. Diese Pflicht begründet Jonas gleich doppelt: Einmal mit einem empirischen Argument, das ihm alleine aber wohl als zu schwach erscheint. Deswegen fügt er noch zwei metaphysische Argumente hinzu.

Das empirische Argument ist folgendermaßen aufgebaut: Von Natur aus fühle sich jeder Mensch seinen leiblichen Kindern verpflichtet. Dabei handle es sich um die einzige angeborene Selbstlosigkeit im menschlichen Verhalten.[54] Daraus könne leicht eine allgemeine Pflicht der gegenwärtigen

---

51 Vgl. a. a. O. 36.
52 Vgl. a. a. O. 37.
53 A. a. O. 36.
54 Vgl. a. a. O. 85.

Menschen gegenüber ihren weiteren Nachkommen gefolgert werden.[55] Denn unsere Kindeskinder könnten ggf. *uns* dafür verantwortlichen machen, dass sie ein schlechtes Leben führen müssen.[56] Unter dieser Voraussetzung gebe es aber nicht nur für uns selbst eine Pflicht zur Zukunft, sondern auch für unsere Nachkommen.[57]

Jonas geht also von elterlichen Gefühlen aus und extrapoliert sie in die Zukunft. Damit beschreibt er den genannten *empirischen* Ausgangspunkt der von ihm gesuchten Ethik. Was aber, wenn alle Menschen beschlössen, ab jetzt auf Nachkommen zu verzichten, weil sie vielleicht fürchten, dass ihre Nachkommen keine gute Umwelt mehr haben könnten? Zur Überwindung dieses Einwandes hält Jonas nun *metaphysische* Gründe für notwendig.[58] Hierfür bezieht er sich zum einen auf den antiken Satz, wonach Sein besser sei als Nichtsein. Dies gelte auch vom Sein des menschlichen Individuums.[59]

Metaphysisch ist auch eine längere Erörterung über den Begriff des Zwecks.[60] Hier stoßen wir also wieder auf das Thema der Teleologie. Erneut bringt Jonas die menschliche Existenz in eine sehr enge Kontinuität mit den nichtmenschlichen Lebewesen. Jonas behauptet, dass das menschliche Gehen, aber auch viel komplexere Verhaltensweisen offensichtlich zweckhaft seien. Zwecke werden durch den Willen gesetzt, um die entsprechenden Verhaltensweisen zur Erreichung eines bestimmten Willensziels zu organisieren. Hier nimmt er seine Ausführungen aus dem früheren Werk *Das Prinzip Leben* wieder auf. Auch das tierische Verhalten *sehe* nicht nur zweckhaft *aus* wie das menschliche, sondern es *sei* tatsächlich zweckhaft, wenn auch auf einem elementareren Niveau.[61] Dass der Mensch ein zielstrebiges Wesen sei, weil er sinnvoll handle, muss Jonas nicht erst noch beweisen. So ergibt sich seine These, dass bei der Entwicklung des homöostatischen Verhaltens der Einzeller bis hin zum

---

55 Vgl. a. a. O. 86.
56 Vgl. a. a. O. 88.
57 Vgl. a. a. O. 89 f.
58 Vgl. a. a. O. 91.
59 Vgl. a. a. O. 96.
60 Vgl. a. a. O. 105–116.
61 Vgl. a. a. O. 118–149.

ziel- und zweckgerichteten Handeln des Menschen lediglich quantitative Sprünge und keine qualitativen stattfinden.⁶²

Damit relativiert Jonas den kategorialen Unterschied von Menschen und anderen Lebewesen. Das nicht-menschliche Leben gewinnt eine Aufwertung, wodurch Pflanzen und Tiere in eine strukturelle Gleichartigkeit mit *homo sapiens* rücken. Jonas Ethik hat damit keine ausschließlich anthropozentrische Grundlage. Man hat sie deswegen schon als physiozentrisch beschrieben. Biozentrisch wäre ebenfalls ein passendes Adjektiv.

Mit diesen beiden Gedankengängen sind die wesentlichen Elemente für die spezifisch Jonas'sche Verantwortungsethik skizziert. Die referierten empirischen und ontologisch-metaphysischen Überlegungen bilden ihren Kern. Eine vollständige Rekonstruktion des Werkes lässt sich an dieser Stelle nicht erreichen. Stattdessen möchte ich noch einen letzten Punkt ansprechen, der nicht nur bei Robert Habeck, sondern auch sonst immer wieder als politisch problematisch empfunden wird. Dies betrifft den Totalitarismus-Vorwurf, der in Zusammenhang mit Jonas Ethik immer wieder auftaucht.

4.4 Zur Kritik der marxistischen Utopie

In einem Interview aus seinem Todesjahr äußerte Jonas wiederholt den Gedanken, dass eine autoritäre Regierung im Vergleich mit einer liberaldemokratischen

> in gewisser Hinsicht eigentlich vielleicht besser imstande ist, der Problematik Herr zu werden, weil sie ja die Gewalt hat, das Maß der Bedürfnisbefriedigung ihrer Bevölkerung zu steuern, hart zu drücken und infolgedessen sparsamer mit der Natur umzugehen [...] Es hat sich herausgestellt – und das ist eine große Überraschung für mich gewesen [...] –, daß sie es schlechter gemacht hat als die kapitalistische Profitwirtschaft des freien Westens.⁶³

Vergleichbare Gedanken liegen auch schon im *Prinzip Verantwortung* vor. Dort schrieb Jonas:

---

62 Vgl. a. a. O. 127 f.
63 JONAS, HANS: Der ethischen Perspektive muß eine neue Dimension hinzugefügt werden, in: Ders.: Dem bösen Ende näher. Gespräche über das Verhältnis des Menschen zur Natur, Suhrkamp: Frankfurt a.M. 1993 (24–39, Zitat 36).

Wir [leben] in einer apokalyptischen Situation [...], das heißt im Bevorstand einer universalen Katastrophe, wenn wir den jetzigen Dingen ihren Lauf lassen [...] Die Gefahr geht aus von der Überdimensionierung der naturwissenschaftlich-technisch-industriellen Zivilisation.[64]

Zwar gehe die bevorstehende Katastrophe auf die technikoptimistischen Überlegungen von Francis Bacon (1561–1626) zurück, aber „die apokalyptische Perspektive, die berechenbar in der Dynamik des *gegenwärtigen* Menschheitskurses angelegt ist", studiert und kritisiert Jonas auch an der marxistischen Geschichtsprognose für die klassenlose Gesellschaft.

Für den frühen Marxismus war die Industrialisierung ein notwendiges Mittel, um allgemeinen Wohlstand für alle Menschen im Staat zu erreichen:

Bis heute gilt [...], daß der Marxismus, ‚fortschrittlich' wie er von Anfang an war, geboren im Zeichen des ‚Prinzips Hoffnung' und nicht des ‚Prinzips Furcht', speziell dem Baconischen Ideal nicht weniger ergeben ist als sein kapitalistischer Widerpart.[65]

Schon im *Prinzip Verantwortung* stellt Jonas zwar einen denkmöglichen Vorteil der totalen Regierungsgewalt im Marxismus fest: Würde eine marxistische Regierung wirtschaftliche Maßnahmen treffen, die der Bevölkerung unangenehm wären, so könnte sie diese leichter durchsetzen, als dies in einer Demokratie möglich wäre.[66] Klimaschutz scheint damit eher von einer diktatorischen Regierung realisiert werden zu können als von einer demokratischen.

Aber auch in diesem frühen Kontext wird der hypothetische Vorzug einer marxistischen Diktatur zurückgewiesen. Denn selbst wenn sich der Kommunismus einmal in allen Staaten der Welt durchgesetzt hätte, so wären die verschiedenen Länder auch innerhalb des kommunistischen Wirtschaftsparadigmas nicht gleich weit entwickelt. Deswegen müssten die ärmeren marxistischen Staaten die Umwelt weiterhin ausbeuten, um bei ihren Bevölkerungen auch in Zukunft akzeptiert zu werden.[67] Das Kernproblem der kommunistischen Länder bestehe darin, dass

---

64 JONAS, Das Prinzip Verantwortung, 251.
65 A. a. O. 258.
66 Vgl. a. a. O. 262.
67 Vgl. a. a. O. 274.

„materieller Wohlstand als Kausalbedingung der marxistischen Utopie" gelte.[68]

Man kann also keinesfalls sagen, dass Jonas im *Prinzip Verantwortung* noch realistische Vorteile im Marxismus hinsichtlich einer Umweltethik angenommen habe. Im Gegenteil bekräftigt er, dass unter zahlreichen Perspektiven ein freiheitlicher Rechtsstaat immer besser sei als „ein Staat der Willkür".[69] Daher erscheint mir der am Anfang erwähnte Vorwurf Robert Habecks, wonach Jonas einen Ökototalitarismus vertrete, nicht zuzutreffen. Jonas Forderung, dass Konsum- und Wohlstandsverzicht umgesetzt werden müsse, „freiwillig wenn möglich, erzwungen wenn nötig"[70], setzt durchaus eine Demokratie voraus. Auch in einer solchen stehen am Anfang Appelle an die Bevölkerung, etwa sich für mehr Umweltschutz einzusetzen. Führen diese Appelle aber nicht zum gewünschten Erfolg (können etwa die Klimaziele nicht eingehalten werden), müssen gesetzliche Regeln eingeführt werden. Auch Gesetze können als Zwang erfahren werden. Aber *demokratischer Zwang* gehört zum Wesen eines Rechtstaates, um die geltenden Rechte auch garantieren zu können.

Eine heikle Frage lautet jedoch: Was geschieht, wenn die parlamentarischen Mehrheiten für einen effektiven Klimaschutz fehlen? Hier stehen wir vor einer Ohnmacht der Demokratie, an die niemand denken möchte, die aber in der Geschichte schon häufig Realität geworden ist: Die Mehrheit wählt nicht zuverlässig das höhere Gut für alle. Aus diesem Grund äußerte sich Jonas wohl auch in einigen Interviews ziemlich ratlos:

> Ich habe keine Antwort auf die Frage, wie die sich jetzt abzeichnende und unzweifelhafte Gefährdung der menschlichen Zukunft im Verhältnis zur irdischen Umwelt abgewendet werden kann.[71]

Diese Aussage stimmt nachdenklich. Könnten wir heute eine optimistischere Prognose für die Zukunft der Menschheit stellen? Mit dieser Frage sind wir in der aktuellen Debatte über den Klimaschutz angekommen. Es

---

68 A. a. O. 285.
69 A. a. O. 304. Auch in seinen *Erinnerungen* bemerkt Jonas, dass „der Sozialismus nie wirklich in Frage" für ihn kam, da er seiner „Vernunft nicht einleuchtete." (S. 122).
70 JONAS, Das Prinzip Verantwortung, 323.
71 JONAS, Hans: Dem bösen Ende näher, 18.

scheint, dass sich an dem von Jonas beschriebenen Dilemma kaum etwas geändert hat. Denn nach wie vor sind die grundsätzlichen Verhältnissen dieselben. Sie lassen sich mit den folgenden vier Feststellungen beschreiben:

Erstens, die von Jonas beschriebene Gefahr der Umweltzerstörung bis hin zum Niedergang der neuzeitlichen Zivilisation besteht nach wie vor.

Zweitens, dasselbe gilt für die Dringlichkeit einer globalen Anstrengung, um diesen Niedergang noch aufzuhalten oder wenigstens einzudämmen.

Drittens, dass die von Jonas konzipierte *metaphysische* Begründung der Ethik zum neuen Paradigma werden könnte, ist bezweifelbar. Der Nachweis einer echten Teleologie des Evolutionsprozesses dürfte kaum möglich sein. Das wäre aber notwendig, um ein sittliches Eigenrecht der Organismen zu begründen. Die Natur müsste dann um ihrer selbst willen geschützt werden und nicht nur deswegen, weil menschliches Leben ohne sie kaum denkbar ist.

Nur als explizite metaphysische oder religiöse Setzung wäre ein Grundrecht der Natur möglich. Als *explizite* Setzung ist sie aber weder im *Prinzip Leben* noch im *Prinzip Verantwortung* zu greifen. Allerdings hat Jonas diese Setzung ausdrücklich in seine religionsphilosophischen Schriften reflektiert. Wir werden darauf im nächsten Abschnitt eingehen.

Dass Jonas in seinen beiden „Prinzipienschriften" ausschließlich allgemein philosophisch argumentierte, liegt sicher daran, dass er eine allgemeingültige Lebensphilosophie und Naturethik entwickeln wollte. Denn mit einer metaphysisch-religiösen Setzung wäre die Ethik immer nur für bestimmten Gruppen akzeptabel und damit nicht allgemeingültig. Im politischen Streit wäre das durchschlagendste Argument für den Naturschutz dann doch das anthropozentrische: Wenn wir die Natur nicht heute durchgreifend schützen, werden unsere Enkel die Leidtragenden sein. Dem kann sich lediglich der reine Hedonismus noch entziehen.

Viertens, was aber geschieht, wenn der individuelle Hedonismus zur politischen Mehrheit wird? Dann stehen wir wieder vor genau dem Dilemma einer demokratischen Gesellschaft, das Jonas bereits herausgearbeitet hatte. Es müssen hier Mehrheiten gewonnen werden, die sich für eine nachhaltige Existenzweise intrinsisch motivieren können. Eine solche Motivation kann nicht einfach erzeugt werden. Es gibt jedoch verschiedene weltanschauliche Orientierungen, die zu einer solchen führen können. Auf einige religiöse bzw. religionsphilosophische Gedanken, die Jonas in seinem Werk leiteten, kommen wir nun abschließend zu sprechen.

5. Zum religionsphilosophischen Subtext von Jonas' Werk

Wie wir gesehen haben, hat sich Hans Jonas bereits in seiner Dissertation mit gnostisch-religiösen Vorstellungen auseinandergesetzt. Dass sein religionsphilosophisches Interesse in den beiden Prinzipienschriften nicht mehr im Vordergrund steht, bedeutet aber nicht, dass Jonas sich von solchen Überlegungen distanziert hat. Sein Vortrag über den *Gottesbegriff nach Auschwitz* ist im allgemeinen Bewusstsein sehr präsent. Aber schon ein deutlich früherer Text ermöglicht es, auch in den Hauptwerken religionsphilosophische Gedanken zu identifizieren.

Im Jahr 1961 hielt Jonas eine Rede über *Immortality and the Modern Temper*, deren deutsche Übersetzung zwei Jahre später erschien (*Unsterblichkeit und heutige Existenz*). Jonas möchte hier die Denkmöglichkeit der menschlichen Unsterblichkeit nachweisen, aber auf keinen Fall ihre Wirklichkeit oder gar Notwendigkeit.[72] Für unsere Zwecke ist der Gedanke der menschlichen Unsterblichkeit an dieser Stelle nicht weiter relevant. Interessant ist aber, dass Jonas im Zusammenhang mit diesem Postulat bereits den Mythos vortrug, den er in seinem deutlich jüngeren Vortrag über den *Gottesbegriff nach Auschwitz* wörtlich wiederholte. Dieser Mythos enthält bereits den Gedanken einer Teleologie des gesamten Weltprozesses, der später im *Prinzip Leben* ausgeführt wird. Es erscheint deswegen durchaus als plausibel, dass diese frühen religionsphilosophischen Gedanken auch implizit in den späteren Werken weiterwirken.

---

72 Vgl. JONAS, HANS: Unsterblichkeit und heutige Existenz, in: Ders.: Zwischen Nichts und Ewigkeit. Drei Aufsätze zur Lehre vom Menschen, Vandenhoeck & Ruprecht: Göttingen 1987, 44.

Betrachten wir also die für unser Thema entscheidenden Vorstellungen in dem frühen Text über *Unsterblichkeit und heutige Existenz* von 1963. Der schon erwähnte Mythos beginnt mit den Worten:[73]

> Im Anfang, aus unerkennbarer Wahl, entschied der göttliche Grund des Seins, sich dem Zufall, dem Wagnis und der endlosen Mannigfaltigkeit des Werdens anheimzugeben. Und zwar gänzlich: Da sie einging in das Abenteuer von Raum und Zeit, hielt die Gottheit nichts von sich zurück; kein unergriffener und immuner Teil von ihr blieb, um die umwegige Ausformung ihres Schicksals in der Schöpfung von jenseits her zu lenken, zu berichtigen und letztlich zu garantieren. Auf dieser bedingungslosen Immanenz besteht der moderne Geist.[74]

An dieser Stelle komme Heideggers Gedanke vom In-der-Welt-Sein des Menschen zum Tragen: Der von Jonas vorgestellte Mythos könne nur ernst genommen werden, „wenn die Welt als sich selbst überlassen [...] und die Strenge unserer Zugehörigkeit als durch keine außerweltliche Vorsehung gemildert" akzepiert werde. Dieselbe Abhängigkeit fordert Jonas in seinem Mythos jetzt auch für „Gottes In-der-Welt-Sein". Interessanterweise möchte er diesen Gedanken aber nicht „im Sinne pantheistischer Immanenz" verstehen:

> Damit Welt sei, entsagte Gott seinem eigenen Sein; er entkleidete sich seiner Gottheit, um sie zurückzuempfangen von der Odyssee der Zeit, beladen mit der Zufallsernte unvorhersehbarer zeitlicher Erfahrung, verklärt oder vielleicht auch entstellt durch sie. In solcher Selbstpreisgabe göttlicher Integrität um des vorbehaltlosen Werdens willen kann kein anderes Vorwissen [Gottes] zugestanden werden als das der *Möglichkeiten*, die kosmisches Sein durch seine eigenen Bedingungen gewährt: Eben diesen Bedingungen lieferte Gott seine Sache aus, da er sich entäußerte zugunsten der Welt.[75]

Der Gott, der mit den brutalen Ereignissen um Auschwitz vereinbar sein soll, ist also nicht ein omnipotenter Herrscher der Geschichte, sondern

---

73 In den folgenden Fußnoten sind die beiden identischen Textpartien des Mythos aus *Unsterblichkeit und heutige Existenz* sowie aus dem *Gottesbegriff nach Auschwitz* angegeben.
74 JONAS, HANS: Der Gottesbegriff nach Auschwitz. Eine jüdische Stimme, in: Ders.: Philosophische Untersuchungen und metaphysische Vermutungen, Suhrkamp: Frankfurt a. M. 1994, 193 f.; JONAS, Unsterblichkeit und heutige Existenz, 55 f.
75 JONAS, Der Gottesbegriff nach Auschwitz, 194.; JONAS, Unsterblichkeit und heutige Existenz, 56.

ein schwacher Gott, der sich ganz der Welt hingibt, mit ihr mitleidet und darauf wartet, seine Gottheit im Laufe der Zeit wieder von ihr zurückzuerlangen. An dieser Stelle spricht Jonas in Bezug auf Gott von einem „geduldige[n] Gedächtnis", das sich „vom Kreisen der Materie [...] ansammelt und zu der ahnenden Erwartung anwächst, mit der das Ewige die Werke der Zeit zunehmend begleitet".[76] Diesen Gedanken arbeitet Jonas später in *Vergangenheit und Wahrheit* weiter aus.[77] Ebenfalls klingt hier die im *Prinzip Leben* entworfene teleologische Vorstellung wieder auf, die davon ausging, dass die Entwicklung des Universums letztlich auf das Leben hinauslaufe. Jonas stellt sich vor, dass die werdende Gottheit auf dieses Ereignis „wartet" – denn aufgrund seiner völligen Hingabe an die Welt könne Gott dieses Ereignis weder vorhersehen noch bestimmen, sondern er sei gänzlich vom „Weltzufall" abhängig.[78] Ferner erweitert Jonas die Teleologie um mystische Vorstellungen:

> Man bemerke ebenfalls, daß in der Unschuld des Lebens vor dem Erscheinen des Wissens die Sache Gottes nicht fehlgehen kann. Jeder Artenunterschied, den die Evolution hervorbringt, fügt den Möglichkeiten von Fühlen und Tun die eigene hinzu und bereichert damit die Selbsterfahrung des göttlichen Grundes.[79]

Jonas nimmt an, dass Gott jede menschliche Erfahrung ‚miterlebt' und sich dadurch der „jenseitige[.] Schatz zeitlich gelebter Ewigkeit" stetig vergrößere. Dies gelte sogar für das Leid.[80] Dem Menschen, der als einziges Lebewesen zur Ethik fähig ist, komme dabei eine besondere Verantwortung zu:

---

76 JONAS, Der Gottesbegriff nach Auschwitz, 194; JONAS, Unsterblichkeit und heutige Existenz, 56.
77 JONAS, HANS: Vergangenheit und Wahrheit. Ein später Nachtrag zu den sogenannten Gottesbeweisen, in: Ders.: Philosophische Untersuchungen und metaphysische Vermutungen, Suhrkamp: 1994, 173–189.
78 Vgl. JONAS, Der Gottesbegriff nach Auschwitz, 195.; JONAS, Unsterblichkeit und heutige Existenz, 56.
79 JONAS, Der Gottesbegriff nach Auschwitz, 195.; JONAS, Unsterblichkeit und heutige Existenz, 57.
80 JONAS, Der Gottesbegriff nach Auschwitz, 196.; JONAS, Unsterblichkeit und heutige Existenz, 58.

Das Bild Gottes, stockend begonnen vom physischen All, so lange in Arbeit – und unentschieden gelassen – in den weiten und dann sich verengernden Spiralen vormenschlichen Lebens, geht mit dieser letzten Wendung und mit dramatischer Beschleunigung der Bewegung, in die fragwürdige Verwahrung des Menschen über, um erfüllt, gerettet oder verdorben zu werden durch das, was er mit sich und der Welt tut. [...] Mit dem Erscheinen des Menschen erwachte die Transzendenz zu sich selbst und begleitet hinfort sein Tun mit angehaltenem Atem, hoffend und werbend, mit Freude und mit Trauer, mit Befriedigung und Enttäuschung – und, wie ich glauben möchte, sich ihm fühlbar machend, ohne doch in die Dynamik des weltlichen Schauplatzes einzugreifen: Denn könnte es nicht sein, daß das Transzendente durch den Widerschein seines Zustandes, wie er flackert mit der schwankenden Bilanz menschlichen Tuns, Licht und Schatten über die menschliche Landschaft wirft?[81]

Was *Das Prinzip Verantwortung* nicht durchschlagend begründen konnte, nämlich eine ethische Handlungsmotivation zur Erhaltung der Biosphäre, könnte vor diesen religionsphilosophischen Gedanken besser verstanden werden: Wer die Welt als Gottes Geschenk begreift, das nur um den Preis seiner Selbstaufgabe möglich war, *kann* daraus eine starke Handlungsmotivation zur Abwendung der Naturkatastrophen entwickeln. Ob aber eine Mehrheit der Menschen dafür zu gewinnen wäre, ist zumindest nicht selbstverständlich.

Im *Prinzip Leben* nimmt Jonas seine Vorstellung einer Teleologie der Natur aus dem viel früheren Mythos wieder auf – zwar nicht explizit, wohl aber der Sache nach.[82] In *Unsterblichkeit und heutige Existenz* hatte die Selbstentäußerung Gottes ihren Zweck in der Entstehung des Lebens. Die Erschaffung der Welt ist also nicht nur *causa efficiens* der Evolution, sondern auch *causa finalis*. So ist die im *Prinzip Leben* entworfene Teleologie ein Nachklang der metaphysischen Schöpfungsvorstellung in *Unsterblichkeit und heutige Existenz*. Man könnte die Frage aufwerfen, ob Jonas die Teleologie der Organismen im *Prinzip Leben* nur deswegen sehen konnte, weil er sie vorher religionsphilosophisch postuliert hatte bzw. aus dem Mythos unbewusst übertragen hat.

Es ist daher Robert Habecks Beobachtung insofern zuzustimmen, dass Jonas Denken von religiösen, besser religionsphilosophischen

---

81 JONAS, Der Gottesbegriff nach Auschwitz, 197.; JONAS, Unsterblichkeit und heutige Existenz, 58.
82 Vgl. o. Abschnitt 3.

Vorstellungen mitbestimmt ist. Wie wir gesehen haben, sind diese aber besonders bei seiner Teleologie zu greifen, während der zur Rührung führende Anblick eines Säuglings wohl eher auf der allgemein anthropologischen Ebene angesiedelt sein dürfte. Interessanterweise rufen die religiösen Implikationen in Jonas Werk ganz unterschiedliche Reaktionen hervor: Während sie bei den anthropozentrisch argumentierenden Philosophen kritisiert werden, stehen sie bei gläubigen Menschen in Übereinstimmung mit ihrer ethischen Handlungsmotivation. Die junge Klimageneration von *Fridays for Future* nimmt diese religiösen Voraussetzungen in Jonas Denken als Kollektiv eher nicht wahr, sieht sich und ihr Anliegen aber dennoch durch seine Ethik gut vertreten. Einige Repräsentanten der Kirchen wiederum zeigen sich gerne an der Seite der jungen Aktivistinnen, obwohl sich diese im Allgemeinen nicht auf theologische Argumente für den Umweltschutz beziehen. Aber wie gesagt: In der Demokratie braucht es ein möglichst breites Bündnis unterschiedlicher Gruppen, um einen umfassenden Umweltschutz in letzter Minute noch erreichen zu können.

Literatur

DÜRRENMATT, FRIEDRICH: Die Physiker. Eine Komödie in zwei Akten, WA 7, Diogenes: Zürich, 2020.

HABECK, ROBERT: Nachwort. Ein politischer Imperativ, in: JONAS, HANS: Das Prinzip Verantwortung. Versuch einer Ethik für die technische Zivilisation, Suhrkamp: Frankfurt a. M. 2020, (400–418).

JONAS, HANS: Das Prinzip Leben. Ansätze zu einer philosophischen Biologie, Suhrkamp: Frankfurt a. M. 2011².

JONAS, HANS: Das Prinzip Verantwortung. Versuch einer Ethik für die technologische Zivilisation, Insel Verlag: Frankfurt am Main 1979, Suhrkamp: Frankfurt am Main 1984.

JONAS, HANS: Der ethischen Perspektive muß eine neue Dimension hinzugefügt werden, in: Ders.: Dem bösen Ende näher. Gespräche über das Verhältnis des Menschen zur Natur, Suhrkamp: Frankfurt a. M. 1993.

JONAS, HANS: Der Gottesbegriff nach Auschwitz. Eine jüdische Stimme, in: Ders.: Philosophische Untersuchungen und metaphysische

Vermutungen, Suhrkamp: Frankfurt a. M. 1994, 193f.; Jonas, Unsterblichkeit und heutige Existenz, 55f.

JONAS, HANS: Erinnerungen, Insel Verlag: Frankfurt a. M. und Leipzig 2003, 475–479.

JONAS, HANS: Gnosis und spätantiker Geist. Erster Teil: Die mythologische Gnosis, in: Schrage, Wolfgang / Smend, Rudolf (Hrsg.): Forschungen zur Religion und Literatur des Alten und Neuen Testaments 33, Vandenhoeck & Ruprecht: Göttingen 19884, 120f.

JONAS, HANS: Gnosis. Die Botschaft des fremden Gottes, Verlag der Weltreligionen im Insel Verlag: Berlin 2022³.

JONAS, HANS: Unsterblichkeit und heutige Existenz, in: Ders.: Zwischen Nichts und Ewigkeit. Drei Aufsätze zur Lehre vom Menschen, Vandenhoeck & Ruprecht: Göttingen 1987, 44.

JONAS, HANS: Vergangenheit und Wahrheit. Ein später Nachtrag zu den sogenannten Gottesbeweisen, in: Ders.: Philosophische Untersuchungen und metaphysische Vermutungen, Suhrkamp: 1994, 173–189.

JONAS, HANS: Wissenschaft als persönliches Erlebnis, Vandenhoeck & Ruprecht: Göttingen 1987; Online Ausgabe 2011.

Online:

https://www.deutschlandfunkkultur.de/philosoph-hans-jonas-lieblingsdenker-klimabewegung-prinzip-verantwortung-100.html.

https://www.ardaudiothek.de/episode/swr2-forum/der-philosoph-von-luetzerath-hans-jonas-und-die-klimakrise/swr2/12359381/.

Markus Mühling*

Gaias Kinder? Medeas Kinder? Oder doch …? Theologische Anthropologie im Zeitalter der Klimakrise

Wie ist das Verhältnis von Mensch und Umwelt, oder des Menschen in seiner Mitwelt zu bestimmen? Sobald die Idee der klassischen Moderne der Steuerung der Umwelt durch den Menschen auch nur sanft in Zweifel gezogen ist, scheint sich ein Spektrum von Alternativen zu ergeben. All diesen Alternativen ist gemeinsam, dass nicht mehr der Mensch alleiniges Subjekt ist, wenn nicht die Distinktion Subjekt-Objekt überhaupt aufgegeben wird. Wie ist aber die Gesamtheit dieser Lebenswelt zu benennen, welchen Charakter hat sie, und wie färbt das auf den Menschen ab? Wie beeinflusst die Umwelt oder Mitwelt, wenigstens auf den Biotopos Erde bezogen, dann den Menschen und umgekehrt? Gleicht der Mensch den Kindern Gaias, die selbst aus dem Chaos entstiegen, den Menschen anleitet, alle Gefahren zu überstehen, die Giganten und Nymphen hervorbringt und so letztlich ein erfreuliches Leben ermöglicht? Oder gleicht die Erde doch eher Medea, die nicht nur den Menschen, sondern auch all ihre anderen Kinder frisst? Oder gibt es Alternativen?

In den gegenwärtigen ökologischen (Dauer)krisen kann Theologie aufgrund ihres Gegenstandes nicht funktionalisiert werden. Auch wenn man nach „Ressourcen" der Theologie und ihres Menschenverständnisses in der gegenwärtigen Lebenswelt der Klimakrise fragt, ist klar, dass man nicht eine Anthropologie entwerfen kann, die funktional auf dieses Ziel hin designed ist. Das schließt nicht aus, dass es kontingente Nebeneffekte geben kann, die sich für die gegenwärtige Situation als bedeutsam erweisen.

---

* Kirchliche Hochschule Wuppertal, Systematische Theologie und Philosophie, (E-Mail: markus.muehling@kiho-wuppertal.de).

Im Folgenden soll daher zuerst eine theologische Anthropologie entworfen werden, die des *Menschens in, mit und unter dem geschaffenen Gewebe* (1). Darauf werden zehn gegenwärtige, meist nicht-theologische Ansätze vorgestellt, die den Menschen inmitten seiner Mitwelt in ein neues Licht stellen, die entweder anschlussfähig, kritikwürdig oder beides sind (2). Ein dritter, kurz gehaltener Abschnitt bringt die in Abschnitt 1 entworfene theologische Anthropologie dann nicht nur in Zusammenhang mit der Mitwelt, sondern auch in den Zusammenhang des religiösen Pluralismus globalisierter Gesellschaften (3). Ein kurzes Fazit beschließt den Text (4).

1. Menschen inmitten des geschaffenen Gewebes (theologische Anthropologie)

1.1 Offenbarung in der Verschränkung der Geschichten

Der Hintergrund, vor dem im Folgenden Grundzüge einer theologischen Anthropologie entfaltet werden, ist der einer wahrnehmungsphänomenologisch und offenbarungstheologisch orientierten, narrativen Ontologie. Eine narrative Ontologie verbindet dabei eine relationale mit einer dynamischen Ontologie. Sie ist nicht mit einer literaturwissenschaftlichen Narratologie zu verwechseln.[1]

Der Mensch ist dabei nicht direkter Gegenstand einer Offenbarungstheologie, sondern indirekter Gegenstand. Der direkte Gegenstand ist der dreieinige Gott. Dieser erschließt sich in der Verschränkung der Geschichten des Menschen als Offenbarungsempfängers mit der Geschichte des Evangeliums. Eine Offenbarung oder Selbstpräsentation findet dabei nur in denjenigen Geschichtenverschränkungen statt, in denen Menschen faktisch fähig sind, die Geschichte des Evangeliums als den Kanon und die Richtschnur ihrer Lebensgeschichte anerkannt zu bekommen, so dass sie fortan alles Erscheinende im Lichte der *story* des Evangeliums wahrwertnehmen. Wahrgenommen werden nämlich nicht wertlose Fakten, sondern eine Einheit von Fakt und Wert – *affordances*, wie sie in der ökologischen Psychologie genannt werden[2] – so dass man sinnvollerweise vom

---

1 Vgl. MÜHLING, M., PST I, Kap. 6, 69–84.
2 Vgl. dazu GIBSON, J.J., Ecological Approach to Visual Perception, 119–125. und MÜHLING, M., PST I, Kap. 5, 54–56.

Gaias Kinder? Medeas Kinder? Oder doch ...? 65

Wahrwertnehmen spricht. Wahrwertnehmen erfolgt unmittelbar, aber narrativ vermittelt.³ Wahrwertnehmen ist dabei nicht direkt eine Interpretationsleistung, sondern geht der Deutung voraus und ermöglicht diese erst. Insofern ist sie unmittelbar. Vermittelt ist diese Unmittelbarkeit aber durch die Geschichten, die Menschen bewohnen.

Im Folgenden unterscheide ich drei Arten von *stories*: die *primäre* Narrativität, d.h. das Geschehen unabhängig davon, ob es von Menschen oder anderen Geschöpfen erzählt wird oder erzählt werden kann; die *sekundäre* Narrativität, die alle geschöpfliche Zeichenkommunikation zusammenfasst; und die *transzendentale Narrativität*, also die Bedingung der Möglichkeit im dreieinigen Gott wie sie durch die Offenbarung erschlossen ist.

In der durch das Evangelium geformten Wahrwertnehmung erweisen sich alle Phänomene als

a) primär passiv gegeben, d.h. als geschaffen;
b) als ver-rückt verlaufend, d.h. als zumindest in der Imagination nicht optimal, und schließlich daher
c) als in Hoffnung vollendbar.

Gleichzeitig erscheint als Urheber dieser Phänomenalität Gott, d.h. die *narrative Integration aller Weglinien unter einer besonderen Weglinie*,⁴ als selbstidentifiziert in einer dreifachen Verschränkung sekundärnarrativer Geschichten:

a) als des Schöpfers der Welt, der sich in der partikularen Geschichte Israels mit dem Gott Israels identifiziert,
b) als Gott in der Geschichte Jesu Christi, der diesen Gott Israels als seinen Vater anspricht und dessen Anspruch über die Welt realisiert, und
c) als Gott in den Geschichten der Glaubenden, der die Gewissheit über die Wahrheit der zweiten (und indirekt daher auch der ersten) Geschichte erschließt.

Damit hat das Evangelium eine narrative Struktur dreier narrativer Identifikationserzählungen, die mit Kennzeichnungen oder Namen abgekürzt werden.⁵ Als diese Namen dienen Vater, Sohn und Heiliger Geist.

---

3 Vgl. MÜHLING, M., PST I, Kap. 5, 39–68.
4 Vgl. MÜHLING, M., PST I, Kap. 21.11, 542–548.
5 Vgl. MÜHLING, M., PST I, Kap. 22, 549–578.

Aufgrund des Offenbarungsprinzips muss nun der Offenbarende so verstanden werden, dass er so „ist", wie er sich erschließt. Da sich Gott als dreieinige Geschichte im Werden erschließt, muss er auch in Ewigkeit als eine dreieinige Geschichte von Vater, Sohn und Heiliger Geist verstanden werden, *etsi mundus non daretur*.

Primär gegeben ist daher in der Offenbarung die Differenz und Alterität von Vater, Sohn und Heiliger Geist.[6] Sie lässt sich traditionell am besten mit dem Personbegriff benennen, wobei eine Person zu verstehen ist als ein „in Kommunikation besonderes Voneinander-her-und-zueinander-hin Werdendes".[7] Damit ist ausgedrückt: Jede der drei Personen ist eine narrativ Werdendes, dessen Werden unabschließbar ist (also kein Werden zu einem festen, statischen Sein hin ist). Dieses Werden geschieht immer „voneinander-her-und-zueinander-hin", d.h. in konstitutiver wechselseitiger Relationalität, so dass es sich um interne (d.h. notwendige), nicht um externe (d.h. akzidentielle) Beziehungen handelt.[8] Gleichzeitig kommt den Personen eine Besonderheit zu, die sich, wie alle Besonderheit, nicht prädikativ ausdrücken lässt, die aber nicht in den Relaten selbst liegt, sondern in ihrer Beziehung des Austauschereignisses (in ihrer kommunikativen Beziehung).

Die Einheit des Offenbarungsurhebers erweist sich nicht unmittelbar, sondern muss reflexiv erschlossen werden. Ich habe dabei vorgeschlagen, diese Einheit am präzisesten als die narrative Einheit eines Liebesabenteuers[9] zu verstehen. Sie ist selbst narrativ, d.h. ein Werden in wechselseitiger, konstitutiver Relationalität, die, wie die Geschichte des Evangeliums zeigt, mit Liebe zu benennen ist.[10] Der Abenteuerbegriff fügt die irreduzible und immer wieder überraschend eintretende *Koinzidenz von Kontingenz und Güte* hinzu, ohne dass das eine auf das andere reduzierbar wäre.[11]

---

6 Vgl. MÜHLING, M., PST II, Kap. 29.1, 7–9 und ähnlich PANNENBERG, W., Systematische Theologie I, 326. 370.
7 Vgl. MÜHLING, M., PST II, Kap. 29.8, 24–28.
8 Vgl. MÜHLING, M., PST I, Kap. 7, 85–122.
9 Vgl. MÜHLING, M., PST II, Kap. 30.7, 178–185.
10 Vgl. MÜHLING, M., PST II, Kap. 30.6, 86–177.
11 Vgl. MÜHLING, M., PST II, Kap. 30.5, 56–85.

1.2. Mensch und Welt als besondere voneinander- und-füreinander Werdende

Der Mensch erweist sich dann abgeleitet als *imago trinitatis*, die eine *imago personalitatis* und eine *imago narrationis* ist. Der Sachgrund für die Benutzung der *imago*-Metapher ist dabei nicht – oder nur äußerlich – die at. terminologische Verwendung, sondern tatsächlich die Inkarnation der 2. Person, d.h. die vorauszusetzende Tatsache, dass die 2. Person eine doppelte narrative Identität besitzt: Sie ist a) konstitutiv in der transzendentalen narrativen Relationalität in ihrem Werden auf die innertrinitarische *story* gebunden, und sie ist b) ebenso in der primären Narrativität in ihrem Werden an die *story* der primären Narrativität gebunden, so dass das Werden von Mensch und Welt für ihre Identität ebenso konstitutiv ist. Da es sich um eine wechselseitige Konstitutivität handelt, ist dann auch der Mensch (und die Welt) im Umkehrschluss *imago*. Die Konsequenz ist dann, dass – anders als der exegetische Befund es andeutet – die *imago* koextensiv mit Geschöpflichkeit wird, d.h. nicht mehr dazu verwandt werden kann, eine innergeschöpfliche Differenz zwischen Mensch und nichtmenschlichen Geschöpfen zu begründen.[12]

> Ich habe versucht zu zeigen, dass dies auch exegetisch keine unmögliche Deutung der *imago* ist, auch wenn diese konstitutiv an das *dominium terrae*, wie immer es zu verstehen sein mag, gebunden ist.[13] Das *dominium* wäre dann anders als traditionell zu deuten. Freilich muss man dieser Argumentation nicht folgen. Man könnte auch die Rede von der *imago* ganz aufgeben, ohne sachlich dadurch etwas (an dieser Stelle) zu verlieren.[14]

Ist aber auch der Mensch in abgeleiteter Form wesentlich ein „in Kommunikation besonderes voneinander-und-Füreianander Werdendes", dann hat das die folgenden Konsequenzen für das Menschenverständnis:

1. Auch Menschen sind *Werdende*, keine Seiende. Es handelt sich nicht um ein Werden zu etwas Statischem.
2. Auch Menschen sind *wechselseitig konstitutiv* Werdende, d.h. sie sind in ihrem Werden konstituiert durch wechselseitig konstitutive

---

12 Vgl. MÜHLING, M., PST II, 360.
13 Vgl. MÜHLING, M., PST II, Kap. 35.9, 352–361.
14 Vgl. MOLTMANN, J., Weisheit in der Klimakrise, 31–48.

Beziehungen. An dieser Stelle sind zwei Bemerkungen wichtig: Erstens: Die wechselseitige Konstitutivität ergibt sich nicht einfach aus der Phänomenalität. Insobesondere wenn durch naturwissenschaftliche Reflexion die Einheit des Wahrwertnehmens von Fakt und Wert aufgehoben wird, erscheint die wechselseitige Konstitutivität nicht mehr. Zweitens: Die berechtigte Frage ist zu stellen, wie weit in die Geschöpflichkeit hinein sich diese wechselseitige Konstitutivität erstreckt. Denn zunächst gibt es keine Grenze: Nicht der Mensch als Spezies kann als Grenze angenommen werden, auch keine besonderen Prädikate des Menschen, wie z.B. die neuzeitliche Subjektivität, weil diese im Personbegriff überhaupt nicht (oder höchstens indirekt) erscheint. *Dann aber ist jede Beschränkung der Konstitutivität begründungsbedürftig, nicht umgekehrt, auch wenn die Tradition fälschlicherweise genau umgekehrt vorgegangen ist.* Anderen nichtmenschlichen Geschöpfen ist daher weder Personalität noch die *imago* vordergründig abzusprechen.
3. Auch Menschen wie alles Geschaffene sind dann primär narrativ beschreibbar. Menschen haben keine Narrationen, sondern sie *sind* Geschichten.
4. Auch die *partikulare Besonderheit* des Menschen liegt dann in den dynamischen Relationen, d.h. *in den Geschichten*, nicht in den Menschen als abtrennbaren Relaten. Damit ist die Partikularität und Identität dem Menschen und anderen Kreaturen selbst unverfügbar. Wie Gott sind dann Mensch und Welt „absolute" Narrationen, d.h. Geschichten, die nicht verlustfrei auf Narrative (d.h. Strukturen von Geschichten) reduzierbar sind.[15]
5. Wie die transzendentale Narrativität müsste dann die primäre Narrativität der Welt primär die einer Liebesgeschichte, genauer, die einer Abenteuergeschichte bzw. eines Liebesabenteuers sein.
Genau hier aber sperrt sich die Erfahrung doppelt: Zum einen ist Liebe in der Neuzeit im Unterschied zu anderen Epochen, keine naturwissenschaftliche oder naturphilosophische Kategorie mehr. Gerade die scheinbar apersonale lebendige Welt von Tier und Pflanze kann vielleicht noch in wechselseitiger Konstitutivität interpretiert werden,

---

15 Vgl. MÜHLING, M., PST II, 47.

aber die Interpretation dieses „Voneinander-und-füreinander" kann nicht nur mit Liebe, sondern auch mit merkantilen oder manipulativen Beziehungen der Viktimisierung oder des „Fressens und Gefressen Werdens" ausgedrückt werden. Zum anderen ist gerade von der sich immer wieder einstellenden abenteuerlichen Koinzidenz von Güte und Kontingenz nichts zu spüren. Schon im Leben Gottes ergibt sich diese abenteuerliche Koinzidenz ja nur von Ostern her. Ostern aber ist kein Erfahrungsphänomen, sondern eine Hoffnungsphänomen für den Menschen. Sein eigener Ort des Lebens in der Geschichte des Evangeliums ist weder Ostern noch Karfreitag, sondern Karsamstag.[16]

6. Da die Partikularität in Kommunikation erscheint, bedarf es – bei Gott, wie beim Menschen und anderen nichtmenschlichen Kreaturen – eines Mediums dieser Kommunikation. Dabei handelt es sich um ein narratives Medium. Es wird klassisch in so unterschiedlichen Traditionen wie der phänomenologischen (bei Merleau-Ponty[17]) aber auch der analytischen (bei P.F. Strawson[18]) als *Leib* benannt. Der Leib ist dadurch definiert, dass er das *Medium des kommunikativen Voneinander-und-Füreinander Werdens ist.*[19] Leiblichkeit geht daher sowohl Körperlichkeit als auch Mentalität voraus. Körperlichkeit und Mentalität mögen Abstraktionsprodukte der Leiblichkeit sein, aber die Leiblichkeit ist umgekehrt nicht durch eine Addition von Körperlichkeit und Geistigkeit definiert. Eine erste wichtige Konsequenz dieses Leibverständnisses ist, dass primär Gott, d.h. die trinitarischen Personen, als leiblich anzusprechen sind, und zwar auch unabhängig von der Inkarnation. Mensch und Welt haben dann sekundär eine abgeleitete Leiblichkeit. Die Realisierungsgestalt dieser Leiblichkeit ist für den Menschen die primärnarrative, raumzeitliche Körperlichkeit.

7. Das „besondere Voneinander-und-Füreinander Werden" von Mensch und Welt steht unter einer Alternative. Es kann so werden, wie es im Evangelium wahrwertgenommen wird, d.h. einschließlich des passiven

---

16 Vgl. MÜHLING, M., PST II, 81 f, 540.
17 Vgl. MERLEAU-PONTY, M., Phänomenologie der Wahrnehmung, 106, 114, 117 f, 173, 182, 184, 402, 442, 490 u.ö.
18 Vgl. STRAWSON, P.F., Individuals, 115 f.
19 Vgl. MÜHLING, M., PST II, 227.

Gegeben-seins, des ver-rückt Seins, und des auf Hoffnung vollendet Werdens, oder ohne diese, sondern mit anderen Wahrwertnehmungen. Damit kommt eine qualitative Alternative in das Werden von Mensch und Welt. Diese Alternative ist eigentlich primär eine hamartiologische. Sie kann aber auch konkreter benannt werden, als Alternativen im Werden. Dabei stellt immer die erstgenannte Alternative die verrückte, nicht der Wirklichkeit entsprechende Wahrwertnehmung dar, die zweite die zurecht gebrachte.

a) Die Alternative von nur externen (nicht konstitutiven) Beziehungen zu internen (konstitutiven) Beziehungen.

b) Die Alternative von *transport* im *Netzwerk* mit *intentionaler* Zielfindung und begrifflich-kategorial hinreichender Beschreibung zu *wayfaring* im Gewebe (*mesh*) mit *attentionaler* Zielfindung und narrativer Beschreibung.[20]

transport	wayfaring
net	mesh
Intentionalität	Attentionalität
klassifikatorisches Wissen	narratives Wissen
logische Kohärenz	dramatische Kohärenz
epistemische Kontingenz	wahrhafte Kontingenz

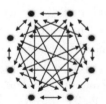 

Transport meint ein Werden, in dem Punkte und Ziel primär sind und die Wege und Bewegungen nur der Realisierung der Ziele dienen. *Transport* generiert Netzwerke, die durch die *Externalität* ihrer Beziehungen gekennzeichnet sind, so dass im Falle des Erlöschens eines Relates die Funktion des Netzwerks als

---

20 Zur Unterscheidung vgl. MÜHLING, M., PST I, Kap. 8.2–8.3, 133–142.

Gaias Kinder? Medeas Kinder? Oder doch ...? 71

Ganzem nicht tangiert ist (Bsp.: Ihr Adressverzeichnis bildet ein Netzwerk. Wenn eine Person stirbt, und sie wissen nichts davon, können Sie die anderen Einträge, auch miteinander verbunden, immer noch verwenden). *Transport* erfordert die *intentionale* Zielbestimmung *vor* dem aktualen Gehen oder Werden. Entsprechend werden Wahrnehmungen während des Weges unter die Alternative von zielförderlich oder zielhemmend wahrwertgenommen. Transport ist auf sekundärnarrativer Ebene hinreichend begrifflich-kategorial zu beschreiben.

Dagegen steht die Alternative des *wayfaring*. Hier sind die Wege, Bewegungen oder Linien primär. Die Punkte, Ziele oder Relate ergeben sich nur als Verknotungen dieser Weglinien. Sie bilden auch keine Endpunkte, sondern dienen dem Weitergehen, bzw. Weiterwerden. Seine Direktion und Orientierung erhält *wayfaring* nicht intentional, sondern *attentional*, d.h. durch immer wieder während des Wahrwertnehmens sich ergebende Bewegungsänderungen aufgrund der Bedürfnisse und Notwendigkeiten des Anderen, d.h. des Wahrwertgenommenen, nicht des Wahrwertnehmenden. *Wayfaring* bildet kein Netzwerk oder network, sondern ein *Gewebe*, *mesh* oder *meshwork*. Metaphorisch mag man sich hier tatsächlich das Gewebe eines Gestricks vorstellen. Fällt eine Masche aus, ist es nur eine Frage der Zeit, bis sich das Gewebe als Ganzes auflöst. *Wayfaring* kann auf sekundärnarrativer Ebene hinreichend nicht begrifflich-kategorial, sondern nur mit *stories* (strukturellen Narrationen) beschrieben werden, und zwar präzise mit *dramatischen Narrationen*, nicht mit epischen Narrationen.[21]

c) Die Alternative von der ontischen Bedeutung von merkantilen und manipulativen Beziehungen zu Liebe als einzig ontischer Beziehung.[22]

Merkantile Beziehungen sind Beziehungen, in denen die kommunizierten, d.h. ausgetauschten Güter von den Kommunikanten ablösbar sind. Beispiele sind Wirtschaftsbeziehungen, aber auch systemtheoretisch-modellierte Beziehungen, in denen die Funktion des Systems Priorität gegenüber den partikularen Relaten hat.

Manipulative Beziehungen sind Machtbeziehungen oder technische Beziehungen, in denen ein Kommunikant in der Lage ist, das Werden des Ganzen zu steuern, und zwar hinsichtlich seines intentional festgelegten Guts.

Liebesbeziehungen sind Beziehungen, in denen die ausgetauschten Güter in der Identität und im Werden der Kommunikanten selbst bestehen.

---

21 Vgl. zur Distinktion MÜHLING, M., PST I, Kap. 16.2, 319–322.
22 Vgl. zur Unterscheidung MÜHLING, M., PST II, Kap. 39.2.4, 620.

d) Die Alternative des Werdens als Nicht-Abenteuer, in dem entweder Gesetzmäßigkeiten oder Kontingenz walten, zum Abenteuer als Koinzidenz von Kontingenz und Güte.
e) Aus allem Beschriebenem geht hervor, dass partikulare Menschen keine fest umrissenen Substanzen in einer Umwelt sind, sondern eher Verdichtungen und Verknotungen des geschaffenen Gewebes, die selbst eine ereignishafte oder narrative Verfassung haben, als dass von Ihnen Ereignisse oder *stories* nur zu prädizieren wären. Wenn dem so ist, müsste man überlegen, ob nicht das Substantiv „der Mensch" sprachlich grundlegend wäre, sondern eher, wie es Raimundus Lullus angedeutet hat, die *Tätigkeit des Menschens (inf.)*, das grundlegend ein Verb im Medium wäre, von dem aber passivische und aktivische Formen abzuleiten wären.[23]
f) Das Werden des geschaffenen Gewebes geht nach christlicher Überzeugung über in ein neues, eschatisches Werden des geschaffenen Gewebes. Erst für dieses gilt die vollständige Erlösung. Auch wenn diese neue Schöpfung immer noch Schöpfung ist und das Werden des alten Gewebes mitaufnimmt, stellt es doch *keine teleologische Entwicklung*[24] aus diesem alten Gewebe heraus dar. Die Zukunft als Advent ist daher strikt von der Zukunft als Futur zu unterscheiden und die eschatischen Vollendungshoffnungen für die Kreatur sind von Extrapolationen zu unterscheiden. Für das geschaffene Gewebe im Hier und Jetzt bedeutet dies, dass seine Prozesse *erschöpflich* sind.[25]

1.3 Menschen in ontischer Solidarität zum Mitgewebe

Versucht man das Verhältnis des Menschens zu anderen Tätigkeiten und Ereignissen, einschließlich von emergierenden, nichtmenschlichen kreatürlichen Relaten im geschaffenen Gewebe (*meshwork*) zu bestimmen, dann ist unter dem unter 1.2 Gesagten eigentlich alles implikativ enthalten. Wir fassen hier aber noch einmal das wichtigste zusammen:

---

23 Vgl. LULLUS, R., Logica nova, 23 und dazu MÜHLING, M., PST II, Kap. 29.7, 22–24 sowie INGOLD, T., To Human is a Verb.
24 Vgl. MÜHLING, M., PST II, 601.
25 Vgl. MÜHLING, M., PST II, Kap. 43, 743–760.

– Partikulares Menschen geht kontinuierlich in das Gewebe geschaffener Weglinien über. Weder *skin* noch *skull*, noch die Reichweite der unterschiedlichen Sinne bildet die Grenze des einen Partikularen vom Anderen. Menschen sind nicht in einer Umwelt eingebettet wie Playmobilfiguren in einem Kinderzimmer, sondern sie sind metaphorisch eher meteorologische Gebilde wie Hochs oder Tiefs, die nur relativ von ihrer Umwelt unterscheidbar und überhaupt nicht separierbar sind.
– Vor allem aber sind Menschen in wechselseitig konstitutiven Beziehungen auf andere Erscheinungen des geschaffenen Gewebes bezogen, unabhängig davon, ob es sich um lebendige, nicht lebendige oder artifizielle emergierende Relate handelt. Daraus ergibt sich:
– Die Diagnose einer ontischen Solidarität alles Geschaffenen. Sie ist ontisch, weil sie in ihrem Bestehen unabhängig von der aktiven Anerkennung durch konkrete Menschen ist, d.h. die ontische Solidarität ist in der kreatürlichen Verfassung passiv gegeben. Im aktiven Respons zur ontischen Solidarität kann sich der Mensch freilich auch ablehnend dazu verhalten, und macht dies auch ständig. Radikale Unterscheidungen von Kultur und Natur, von Individualismus und Kollektivismus, oder von Subjekt und Objekt können, wenn sie nicht instrumental, sondern ontisch verstanden werden, Ausdruck eines solchen falschen Responses sein.
– Der reaktive Respons des Menschens kann viele Gestalten haben. Wichtig ist aber, dass nicht nur der reflektierte Respons und nicht nur der instrumentalisierte Respons in Konkordanz zur Mitgeschöpflichkeit erfolgen, sondern auch der spontane Respons einschließlich des Erlebens im Gefühl. Daher ist die Bildung eines Ethos der Geschöpflichkeit wichtig, das auch eine Personbildung im Sinne von Affektbildung und Tugendethik erfordert. Da auch die *praxis pietatis* Teil eines solchen Ethos ist, ist auch diese *praxis pietatis* entsprechend zu befragen. Gerade hier gibt es von vielen Theologien ähnliche, konvergierende Ansätze, etwa J. Moltmanns Ideen zu einer kosmologischen Anthropologie und Frömmigkeit.[26]
– Dass geschaffene Mitgewebe aus dem Menschen (subst.) gebildet sind bzw. aus dem das Menschen (verb) emergiert, ist insgesamt als *Gabe*

---

26 Vgl. MOLTMANN, J., Weisheit in der Klimakrise, 70–87; 107–110.

(nicht als Gegebenheit oder Gestell) zu verstehen, das *Dank* und *Klage* evoziert und zu *Hoffnung* Anlass gibt.[27]
- Da das Menschen im geschaffenen Gewebe offenbarungstheologisch gewonnen ist, ist zu fragen, wo es Anschlussmöglichkeiten in interdisziplinären Debatten gibt, aber auch, wo Anschlussmöglichkeiten eher kritisch gesehen werden müssen.

2. Theologische Anthropologie in interdisziplinären Relationen

Vor den Hintergründen der hier rudimentär ausgeführten theologischen Anthropologie lässt sich Stellung nehmen zu einer Reihe von Konzeptionen und Programmen, theologisch-kirchlichen, wie auch nicht theologischen, die gegenwärtig größere und kleinere Rollen spielen. Dabei ist deutlich, dass sich sowohl anschlussfähige Konzeptionen finden lassen als auch zu kritisierende Positionen. Die folgenden Liste versucht das Feld zu weiten, versteht sich aber nicht als abschließend oder erschöpflich.

2.1 Bewahrung der Schöpfung und *integrity of creation*

Seit den 1980er Jahren – genauer, seit der 6. Vollversammlung des ÖRK 1983 in Vancouver – erfreuen sich die Slogans der Bewahrung der Schöpfung durch den Menschen oder, wie es im Englischen heißt, an der *integrity of creation* einiger Beliebtheit,[28] obwohl diese Slogans zu Recht des Öfteren als inadäquat kritisiert wurden.[29] Die Bewahrung, *conservatio*, ist klassisch ein göttliches Werk, kein menschliches Werk. Bestenfalls ist an eine Mitarbeit des Menschen zu denken. Aber auch das ist fragwürdig, da das geschaffene Gewebe weit über das irdische Biotop hinaus geht. Noch problematischer ist die Rede von der *integrity of creation*. Theologisch

---

27 MÜHLING, M., PST II, Kap. 34.6, 303–310.
28 Vgl. MÜLLER-RÖMHELD, W. (Hg.), Bericht aus Vancouver 1983. Vgl. dazu auch SCHÜRGER, W., Bewahrung der Schöpfung; KISTLER, S., Bewahrung der Schöpfung.
29 Vgl. SCHWÖBEL, C., Gott, die Schöpfung und die christliche Gemeinschaft, 162 f; RENDTORFF, T., Vertrauenskrise?, 246; MEIREIS, T., Schöpfung und Transformation, 28.

ist hier die Unterscheidung von *integritas* und *sanctitas* sinnvoll. Beide sind keine Kennzeichen der aktualen Erfahrung. Während aber durch die Erlösung in Christus die *sanctitas* in gewissen Grenzen ermöglicht wird, ist die *integritas* zu Recht erst dem eschatischen Werden vorbehalten und kein Kennzeichen des geschaffenen Gewebes im Hier-und-Jetzt. Entsprechend kann weder die Produktion noch die Mitarbeit an der Produktion der *integritas* eine menschliche Aufgabe sein.

Die Rede von der Bewahrung der Schöpfung bzw. der *integrity of creation* spiegelt somit keinesfalls einen Paradigmenwechsel vom neuzeitlichen, alten Menschen als manipulativen Herren über die Schöpfung hin zum Menschen inmitten und ausmitten des geschaffenen Gewebes, sondern sie ist Zeuge des alten Titanismus, der Mensch und Welt gegenübersetzt.

2.2 Apokalyptische Utopien

Während bis in die 70er Jahre hinein Utopien vordergründig hell gefärbt waren, überwiegen in den kulturellen Ausdrucksformen als Spiegel unserer Zeit mittlerweile die dunkel gefärbten Dystopien oder apokalyptischen Utopien. Einerseits ist das begrüßenswert, weil damit auch in den entsprechenden kulturellen Leistungen die Problematik des menschlichen Umgangs mit seinem Mitgewebe sichtbar wird und entsprechende künstlerische Ausprägungen der sekundären Narrativität für die personale Bildung des Menschen nicht hoch genug geschätzt werden können. Problematisch sind aber zwei Züge: Erstens, Furcht, die nicht in Hoffnung eingebettet ist, lähmt Wahrwertnehmen wie Handeln. Zweitens: Wenn der Mensch nun als Zerstörer der Umwelt auftritt, wenn er als Subjekt der Apokalypse und des Untergangs modelliert wird, dann ist prinzipiell gerade kein Wechsel der alten, manipulative oder merkantilen Herrschaftsideologie herbeigeführt, sondern nur deren affektive Vorzeichen sind vertauscht.[30] Auch ohne den Menschen wäre das geschaffene Gewebe eben geschaffen, endlich und erschöpflich.

---

30 Vgl. MOLTMANN, J., Weisheit in der Klimakrise, 101.

2.3 Ökologie

Deutlich ist, dass die „Klimakrise" Ausdruck einer größeren „ökologischen Krise" ist, bzw. ein nun drängend werdendes Problem innerhalb der Grenzen der planetaren Belastbarkeit[31] darstellt, das nicht isoliert betrachtet werden darf. Deutlich ist aber auch, dass der Terminus der „Ökologie" dabei gerade seit den letzten 40 Jahren außerordentlich positiv konnotiert ist, so dass der Terminus gegenwärtig ausgeweitet wird. Auch ich selbst habe vom „ökologischen Gehirn" gesprochen,[32] der ÖRK und *Brot für die Welt* fordern im *Wuppertal Call* eine ökologische Reformation von Kirche und Theologie.[33] All das muss nicht falsch sein. Wichtig aber ist zu sehen, dass der Ökologieterminus selbst hoch problematisch ist. Ungeachtet seiner Geschichte wurde jüngst diagnostiziert, dass gerade die ursprüngliche Verwendung bei Ernst Haeckel, der den Begriff eingeführt hatte,[34] viel deutlicher der gegenwärtigen inter- und transdisziplinären Verwendung des Begriffs entspreche, als Begriffsbestimmungen im 20. Jh.[35] Wenn das stimmt, ist der Ökologiebegriff aber selbst problematisch zu betrachten:

1. Haeckel definiert Ökologie als Gesamtheit der Beziehungen des Organismus zur Außenwelt.[36] Damit bedient er sich einer rein externen Relationalität, die eine relationale Ontologie und damit ein wahrhaft relationales Verständnis der Lebensbereiche nicht zulässt, sondern gerade verhindert. Organismen besitzen nicht eine Außen- oder Umwelt,[37] sondern gehen aus dieser in starker Immersion[38] hervor, und sie gehen grenzenlos ineinander über.

---

31 Vgl. RICHARDSON, K./ROCKSTRÖM, J./U.A., Earth beyond Six of Nine Planetary Boundaries.
32 Vgl. MÜHLING, M., Resonanzen.
33 Vgl. ANDRIANOS, L./BIEHL, M./GÜTTER, R./MOTTE, J./PARLINDUNGAN, A./ SANDNER, T./STORK, J./WERNER, D. (Hg.), Kairos for Creation.
34 Vgl. HAECKEL, E., Morphologie I, 286 f.
35 Vgl. WATTS, E./HOSSFELD, U./LEVIT, G.S., Ecology and Evolution.
36 Vgl. Vgl. HAECKEL, E., Morphologie I, 286.
37 Der Umweltbegriff wurde erst von Jakob von Uexküll eingeführt, vgl. UEXKÜLL, J.V., Umwelt und Innenwelt der Tiere.
38 Vgl. zum Begriff MÜHLING, M., PST II, 37.3; 330–337.

2. Haeckel modelliert die Ökologie letztlich nur im Rahmen der scheinbaren Bewegung von transportartigen Bestimmungen.
3. Haeckel versteht das Verhältnis zwischen Organismen und Umwelt im Modell des Haushalts der Natur und bedient sich damit eines merkantilökonomistischen Modells.
4. Alle Veränderungen und Bewegungen des Gesamthaushalts der Natur, d.h. alle ökologischen Bewegungen, werden als mechanistische, rein kausale „Bewegungen" verstanden, die keinen Raum für Kontingenz und Spontaneität lassen. Hier ist Haeckels pseudoreligiöse Überfrachtung des Ökologiebegriffs am greifbarsten, ist es doch der Hauptzug seines Monismus, dass Gott als lückenlose und geschlossene Kausalität interpretiert wird.[39]
5. Obwohl Haeckel die ökologischen Beziehungen als reine Kausalbeziehungen versteht, interpretiert er diese mit der Metapher des „Kampfes um das Dasein". Er nimmt dabei die ursprünglich darwinische Metapher des *struggles for life* auf, radikalisiert sie aber. Während Darwin die Vorstellung eines direkten Kampfes von Kontrahenten bewusst relativieren wollte,[40] verschärft Haeckel diesen, indem er sich der Metaphern der Freunde und Feinde bedient, und indem er pflanzliches Leben bewusst ausnimmt. Damit ist aber Haeckels Ökologieverständnis sozialdarwinistisch und gewalt-manipulatorisch durchtränkt, was sich daran sehen lässt, dass er in kolonialen Kämpfen unterlegene, menschliche Kulturen in dieses Schema einzeichnet.[41]

Fazit: Haeckels Ökologiebegriff ist völlig untauglich zur Beschreibung der ontischen Solidarität des geschaffenen Gewebes. Er beschreibt dieses verzeichnend geradezu gegensätzlich zur christlichen Beschreibung dieses geschaffenen Gewebes und zum phänomenalen Wahrwrtnehmen dieses Gewebes. Haeckels Ökologiebegriff gehört nicht in die Geschichte der Bearbeitung der globalen Überlebensprobleme, sondern in die Geschichte der Produktion derselbigengleichen.

---

39 Vgl. MORGENTHALER, E., Von der Ökonomie der Natur zur Ökologie, 246.
40 Vgl. MORGENTHALER, E., Von der Ökonomie der Natur zur Ökologie, 247.
41 Vgl. MORGENTHALER, E., Von der Ökonomie der Natur zur Ökologie, 247.

Die Herkunft eines Begriffs spricht nun nicht unbedingt gegen seine Verwendung. Aber die mit der Herkunft gegebenen Probleme sollten bekannt sein, wenn man sich des Begriffs in der Gegenwart bedient.

2.4 Anthropozän versus Technozän

Gegenwärtig scheint sich die Benennung des Erdzeitalters als Anthropozän durchzusetzen. Diese Bezeichnung geht bekanntlich auf Paul Crutzen zurück,[42] der für seine Arbeiten über die Entstehung des winterlichen, südpolaren Ozonlochs den Nobelpreis für Chemie bekam. Der Vorschlag des Begriffs trägt dabei selbst narrative, fast schon legendarische Züge.[43] Es fragt sich aber, ob der Begriff tatsächlich adäquat ist. Die Kritik von Hornborg, Hörl u.a. sollte jedenfalls gehört werden:[44] Potentielle zukünftige Erdwissenschaftler würden in den Schichten der Gegenwart nicht primär Menschliches finden, sondern nur menschliche Kulturgüter, genauer *technische* Artefakte. Schon rein phänomenal wäre daher der Ausdruck Technozän viel adäquater. Der Ausdruck Technozän ist auch adäquater, weil er zum Ausdruck bringt, dass die Medien – hier Technologie – nicht einfach Mittel zum Zweck der Mediate, d.h. der Menschen ist, sondern dass nach neueren Medienverständnisse die Medien – hier die Technologie – bestimmt, wie sich Menschen verhalten, denken und gebildet werden. Wir leben im Technozän schon deshalb, weil wir unser Mitgewebe des Biotopos Erde versuchen, vom Werden des *wayfaring* in Strukturen des *transport* zu invertieren. Diese Inversion ist bis heute größtenteils erfolgreich. Begrüßt man sie, dann kann man von ihr auch die Wende in der Krise erwarten – wie Crutzen, der ganz auf Geoengineering zur Überwindung der Krise setzte.[45] Begrüßt man sie nicht – wie der Autor dieses Textes – dann hat der Begriff des Technozäns wenigstens den Vorteil,

---

42 Vgl. CRUTZEN, P.J./STOERMER, E.F., The 'Anthropocene'.
43 Vgl. HORN, E./BERGTHALLER, H., Anthropozän, 8 f.
44 Vgl. HÖRL, E., Ökologisierung des Denkens; ursprünglich geht der Begriff des Technozäns zurück auf HORNBORG, A., Political Ecology of the Technocene.
45 Vgl. CRUTZEN, P.J., Albedo Enhancement by Stratosperic Sulfur Injections. A Contribution to Resolve a Policy Dilemma? Konkret geht es hier um die Idee, die Albedo der Erde durch das Einbringen von Schwefeldioxid oder Schwefelwasserstoff in der Stratosphäre zu erhöhen.

nicht der neuzeitlichen Verengung des anthropozentrischen Herrschaftsideal nach dem Mund zu reden, wie dies im Begriff des Anthropozän geschieht.

2.5 Nachhaltigkeit

Eine noch steilere Karriere als der Ökologiebegriff hat der Nachhaltigkeitsbegriff in den letzten 20 Jahren erfahren – und vermutlich hat er sich noch mehr abgenützt. Problematisch an den Nachhaltigkeitszielen der UN war von Anfang an der Substitutionsgedanke, d.h. dass sich innerhalb der Klammer des Produkts von Ökologie, Wirtschaft und Gerechtigkeit einzelne Faktoren durch andere substituieren lassen.[46] Die Abschleifung des Begriffs durch das Marketing wird fast nur noch durch die EU übertroffen, mit ihrer bekannten Einstufung der Kernenergie als „nachhaltig". Dennoch gibt es aber nicht wirkliche Alternativen zu seiner Verwendung. Angesichts dessen scheint es hilfreich zu sein, sich daran zu erinnern, dass der Nachhaltigkeitsbegriff nicht nur Wurzeln in der frühen Forstwirtschaftslehre hat,[47] sondern dort auch theologisch (wenn auch primitiv) begründet wurde.[48] Die prinzipielle Ausweitung vom engen Bereich der Forstwirtschaft auf alle Ökonomie hat aber auch Vorteile: Ging es in der

---

46 Vgl. WORLD BANK, Changing Wealth of Nations und dazu PITTEL, K./LIPPELT, J., Kurz zum Klima und zur Kritik MEIREIS, T., Schöpfung und Transformation, 48 f.

47 Vgl. CARLOWITZ, HANS CARL V., Sylvicultura oeconomica, 105 f.: „Wird derhalben die gröste Kunst, Wissenschaft, Fleiß, und Einrichtung hiesiger Lande darinnen beruhen, wie eine sothane Conservation und Anbau des Holtzes anzustellen, daß es eine continuierliche beständige und nachhaltende Nutzung gebe, weil es eine unentberliche Sache ist, ohne welche das Land in seinem Esse nicht bleiben mag."

48 Vgl. CARLOWITZ, HANS CARL V., Sylvicultura oeconomica, 104: „Man hat dabey nicht nöthig sich alleine weitläufftig auf Befehle und Verordnungen zu beziehen. Die heilige Schrift giebt uns hierzu Befehls genug. Denn es hat ja die höchste Göttl. Maj. dem Menschen das Land bebauen, und also die Gewächse folglich auch das wilde Holz fortpflanzen heissen, Gen. 2.V.5&15. Sonderlich aber ist nach dem Sünden-Fall seinem allerheiligsten Willen gefällig gewesen, daß er dem Menschen nicht unmittelbarer Weise, sondern wenn auch dieser seiner Hände Arbeit anlegen würde, Nahrung und Unterhalt geben wolle. Abraham kam dieser selber nach, indem er Gen. 21. Bäume, oder vielmehr nach der Grund-Sprache, einen Wald oder Gehölze pflantzte."

Forstwirtschaft noch um die deutlich spezifizierbare Zukunft der Enkelgeneration der Wirtschaftenden, geht es bei der Ausweitung um die nicht mehr spezifizierbare Zukunft einer immer neuen *unbestimmten* Generation. Diese Argumentation schafft gewissermaßen einen eschatischen Vorbehalt, die die vollständige Nutzung des Er- oder Bewirtschafteten prinzipiell verbietet.[49]

2.6 Gaia oder Medea?

Ein wichtiger Wendepunkt im Bewusstsein des Menschen von ihm selbst in, mit und unter seiner Mitwelt stellte im 20. Jh. nicht nur der Bericht des *Club of Rome* aus den 1970er Jahren,[50] sondern auch die Entwicklung (und unendliche Modifikation) der Gaiahypothese durch James Lovelock und Lynn Margulis dar. Die Entwicklung dieser Theorie ist um so signifikanter, als nicht nur Ökotheologen wie Moltmann sich vollständig zu ihr bekennen,[51] sondern auch einflussreiche gegenwärtige Intellektuelle wie Bruno Latour ihr vor noch nicht ganz zehn Jahren zu neuem Glanz verhalfen.[52]

Kurz zur Erinnerung: Die Gaia-Hypothese modelliert den Biotopos Erde als ein System, das es erlaubt durch Selbstorganisation seine Entropiesteigerung einzustellen und so zu einer Homöostase zu gelangen. Der Biotopos Erde wird also, mit anderen Worten, nicht nur als aus Organismen bestehend, sondern selbst als Organismus modelliert. Während die Anfänge der Gaia Hypothese noch durch animistische Gedanken und selbstoptimierende Fortschrittsphantasien getränkt waren, bemühte sich Lovelock, die homöostatische Theorie mit dem Stand der Evolutionsbiologie am Ende des 20. Jh. kompatibel zu machen.[53]

Die von Lovelock angeführten erdgeschichtlichen Zusammenhänge lassen sich allerdings auch anders verstehen. Am weitestgehenden ist dies durch Peter Ward's programmatisch entgegengesetzte Medea-Hypothese geschehen. Hier werden die gleichen (und andere) Befunde herangezogen,

---

49 Vgl. MÜHLING, M., PST II, 879 f.
50 Vgl. Vgl. MEADOWS, D./RANDERS, I./BEHRENS, W., Grenzen des Wachstums.
51 Vgl. MOLTMANN, J., Weisheit in der Klimakrise, 73–75.
52 Vgl. LATOUR, B., Kampf um Gaia.
53 Vgl. LOVELOCK, J., Gaia-Prinzip; LOVELOCK, J., Gaia.

um zu zeigen, dass die Erde gerade kein selbststabilisierendes System sei und es mit dem Leben auf der Erde – übrigens auch wenn es den Menschen nicht gäbe – eher früher als später ein Ende nimmt. Nicht erst in 3 Mill. Jahren, sondern „schon" in 500 Mio. Jahren führe die Entwicklung dazu, dass auf Photosynthese basierendes Leben aufgrund der atmosphärischen Entwicklung nicht mehr möglich sei, so dass die Erde in einen Zustand gelange, der nur noch mikrobiologisches Leben kenne.[54]

Obwohl die Gaia-These auf den ersten Blick Ähnlichkeiten mit unserer offenbarungstheologisch begründeten Konzeption des Menschen inmitten des Gewebes geschaffener Weglinien hat, ist die Gaia-Hypothese doch genauso problematisch zu bewerten wie die Medea Hypothese, wenn auch letztere den Vorteil hat, den Ökospiritualismus, den Gaia ausgelöst hatte, im Zaum zu halten.

Die Gaia-Hypothese arbeitet durchgehend in transportartigen Schemata und modelliert die Erde als System eines Netzwerks. Die Koinzidenz von Kontingenz und Güte wird zugunsten der Güte aufgelöst, d.h. zugunsten eines verborgenen Gesetzes, das zur Stabilisierung führe. (Und wer das Gesetz kennt, kann entsprechend, vermeintlich produktiv handeln). Umgekehrt löst die Medeahypothese die Koinzidenz von Kontingenz und Güte zur Seite der Kontingenz auf, so dass aus Fortuna Medea wird.

Latour nimmt die Gaia-Metapher auf,[55] sieht aber die Steuerung nicht in einem verborgenen, zur Homöostase führendem Gesetz, sondern in einer Integration natürlich-kultureller Aktanten in sein Parlament der Dinge, so dass es zu einem freien Spiel der Gewalten kommt.[56] Zwar ist Latour bemüht, die Natur-Kultur Differenz aufzulösen, jedoch gelingt dies nur um den Preis eines manipulativen Modells für alle Aktanten. Lovelock und Ward, so unterschiedlich sie die Sicht des Menschen auf der Erde sehen, plädieren letztlich hinsichtlich der gegenwärtigen Klimakrise für die gleiche Option: Ohne Geo-Engineering unterstützt durch eine platonische Technokratie werde es nicht gehen.[57] Auch das ist wieder ein manipulatives Modell, wenn auch eines, welches nicht das freie Spiel der

---

54 Vgl. WARD, P., Medea Hypothesis.
55 Vgl. LATOUR, B., Kampf um Gaia, 124–180.
56 Vgl. LATOUR, B., Kampf um Gaia, 406–455.
57 Vgl. LOVELOCK, J., Geoengineering; WARD, P., Flooded Earth, 203.

Gewalten, sondern die bewusste Steuerung durch den Menschen impliziert. Der Mythos des *homo faber* wird gerade nicht überwunden.

Bei allen dreien, Lovelock, Ward und Latour, wird das Geschehen übrigens in rein externen Relationen modelliert. Alle drei bieten auch so etwas wie kleine Großerzählungen, die jedenfalls über das naturwissenschaftlich Sagbare, das stets uneindeutig bleibt, hinausgehen, indem sie verschiedene naturwissenschaftliche Befunde in größere *stories* einbauen, die aber immer die Gestalt eines allgemeinen Narrativs behalten – also nie konkreter werden. Damit beanspruchen sie natürlich, ethische Orientierungskraft zu geben. Sie haben, wenn man so will, stets eine quasireligiöse Funktion.

2.7 Die Relativierung der Natur-Kultur Differenz

Schon angesprochen wurde Bruno Latour als einer derjenigen Denker, der am deutlichsten für eine Relativierung der Natur-Kultur Distinktion eintritt, bzw. diese von Anfang an bestreitet.[58] Während Latour seine Thesen rhetorisch gewandt, aber nicht immer unbedingt verständlich vorträgt, darf nicht übersehen werden, dass die Natur-Kultur Distinktion auch von anderen Wissenschaftlern mit besseren Gründen in Frage gestellt wird.

Kannte die klassische Moderne noch eine starke Unterscheidung zwischen Natur und Kultur, zwischen dem, was dem Menschen unveränderlich vorgegeben ist, und dem, was seiner Gestaltungsaufgabe durch institutionelles Handeln aufgegeben ist, so relativierte sich diese Unterscheidung bis heute in verschiedener Art und Weise, so dass das Verhältnis zwischen „nature" und „nurture" ein in der Anthropologie der Gegenwart hoch diskutiertes ist.[59] Nicht nur haben sich die klassischen „Naturzustände" der Vertragstheoretiker Locke und Rousseau als sekundärnarrative Fiktionen ihrer eigenen Zeit – und damit als Kulturprodukt – erwiesen; nicht nur ist der Mensch, wie die philosophische Anthropologie des 20.Jh. annahm, „von Natur ein Kulturwesen"[60], sondern in der Gegenwart mehren sich die Hinweise, dass nicht nur nichtmenschliche

---

58 Vgl. LATOUR, B., Kampf um Gaia, 27–34.
59 Vgl. z.B. die diversen Beiträge in FUENTES, A./VISALA, A. (Hg.), Verbs, Bones and Brains.
60 GEHLEN, A., Der Mensch, 80.122.

Tiere fähig sind zumindest rudimentär Kulturen auszubilden, sondern auch die Kulturbildung des Menschen in Korrelation zu Erfordernissen anderer Spezies erfolgt. Interessant ist dabei, dass die Bewegung sowohl von der biologischen Anthropologie, der Sozialanthropologie als auch von der theologischen Anthropologie ausgeht. Nicht mehr die Differenz zu anderen Spezies steht im Vordergrund, sondern der Mensch in Solidarität zu anderem Leben. Damit erweisen sich sowohl sozialkonstruktivistische als auch sozialdarwinistische Ansätze zum Verständnis des Menschen als simplifizierend[61] und man spricht nun von biokulturellen bzw. biosozialen Zugängen, die den Menschen dynamisch verstehen. Nicht mehr das Sein des Menschen, sondern das Werden des Menschen steht hierbei im Vordergrund.[62]

Als Beispiele können neben den unten genannten Erweiterungen der neodarwinistischen Synthese um das Konzept der Nischenkonstruktion und den Begriff des *genophenotype* eine Reihe von Evidenzen genannt werden. Mittlerweile ist es auch üblich geworden, bei der Weitergabe von erlerntem Verhalten von Delfinen von „Kultur" zu sprechen.[63] Besonders signifikant sind dabei aber weniger die Beispiele von erfundenem und sozial weitergegebenem Werkzeuggebrauch zur Nahrungsbeschaffung,[64] als vielmehr Beispiele, in denen in Gefangenschaft erlerntes, spielerisches, für das Tier an sich nutzloses Verhalten nach der Freilassung an andere, freilebende Tiere weitergegeben wurde (*tailwaking*).[65] Ist das schon Kultur? Das hängt, wie so oft, vom Kulturbegriff ab.[66] Ein anderes Beispiel ist die ethnoprimatologische Forschung, die das Verhältnis von Menschen und anderen Primaten untersucht. Hatten in der

---

61 Vgl. FUENTES, A., Blurring the Biological and Social, 43.
62 Vgl. FUENTES, A., Blurring the Biological and Social, 46.
63 Vgl. WHITEHEAD, H./RENDELL, L., Cultural Lives of Whales and Dolphins.
64 Vgl. WHITEHEAD, H./RENDELL, L., Cultural Lives of Whales and Dolphins, 136–157.
65 Vgl. WHITEHEAD, H./RENDELL, L., Cultural Lives of Whales and Dolphins, 160.
66 So betonen SUSSMAN, R./SUSSMAN, L., Off Human Nature and on Human Culture, bes. 65, dass die Verwendung des Kulturbegriffs zwar im Unterschied zum genetisch bedingten gerechtfertigt sei, aber das Problem mit sich bringe, nicht zu menschlicher Kultur, für die dann ein anderer Terminus nötig sei, passe. Sie schlagen vor, den Kulturbegriff menschlicher Kultur vorzubehalten und bei nichtmenschlichen Tieren von „traditions" zu sprechen.

Vergangenheit hier Konkurrenzmodelle vorgeherrscht, überwiegen derzeit Kooperationsmodelle.[67] In vielen Fällen haben Menschen und andere Primaten nicht getrennte Umwelten, sondern gemeinsame. Insbesondere bei den Makaken in Indonesien ist das Verhältnis zwischen Menschen und Alloprimaten gut erforscht. Es ist ein Missverständnis, als bräuchte jede „wilde" Spezies ihre „natürliche" Umwelt. Vielmehr haben sich eine Reihe von Alloprimaten evolutiv und in ihrem Verhalten „schon immer" in Beziehung zur menschlichen Kultur entwickelt. In Singapur beispielsweise wurde das Füttern von Makaken verboten, mit der Doppelmotivation, den Primaten eine natürliche, menschenunabhängige Entwicklung zu ermöglichen und Krankheitsübertragungen zu minimieren. Allerdings kann man nachweisen, dass sogar die längere Evolutionsgeschichte der Makaken nicht unabhängig von der menschlichen Kultur erfolgte, so dass diese für Makaken gewissermaßen ihre natürliche Umwelt darstellt.[68] Im Unterschied zu Haustieren überrascht ein solcher Befund bei vermeintlichen Wildtieren dann doch. Umgekehrt konnte die Sozialanthropologie zeigen, dass die Entwicklung menschlicher „Kulturen" von „natürlichen" Entwicklungen anderer Spezies stark abhängig sind, etwa im Falle der Sami von den Rentieren.[69] Ein anderes signifikantes Beispiel berichtet davon, dass Hyänen Menschen in ihr Spielverhalten einbeziehen können und diesen Einbezug auch gegen Artgenossen verteidigen können, und so eine Art von *fairness* oder *wild justice* entwickeln.[70] Mittlerweile spricht Dominique Lestel auch von hybriden Mensch-Tiergesellschaften, weil es keine menschlichen Gesellschaften ohne Tiere und (heute) kaum tierische Gesellschaften völlig unabhängig vom Menschen gibt.[71] Die klassischen Bestimmungen von Gemeinschaften über biologische Arten, die noch für

---

67 Vgl. FUENTES, A., Ethnoprimatology and the Anthropology of the Human-Primate Interface.
68 Vgl. FUENTES, A./KALCHIK, S./GETTLER, L./KWIATT, A./KONECKI, M./JONES-ENGEL, L., Characterizing Human Macaque Interactions in Singapore.
69 Vgl. INGOLD, T., Anthropologie jenseits des Menschen.
70 Vgl. BEKOFF, M./PIERCE, J., Wild Justice, bes. 113–115; BAYNES-ROCK, M., Hyenas like Us und zur Interpretation DEANE-DRUMMOND, C., Wisdom of the Liminal, Pos. 3379–3484.
71 Vgl. LESTEL, D., Biosemiotics and Phylogenesis of Culture; LESTEL, D./BRUNOIS, F./GAUNET, F., Etho-Ethnology and Ethno-Ethology.

Gaias Kinder? Medeas Kinder? Oder doch ...?   85

den Sozialitätsbegriff der Soziobiologie kennzeichnend war,[72] erscheint so verfehlt.
Auch die gegenwärtige theologische Anthropologie verabschiedet eine anthropozentrische Anthropologie, denn Ansätze

'of what and who human beings are and how they ought to be existentially set into their lived worlds that are systematically oriented to and framed in terms of major human interests are precisely the type of anthropocentric anthropologies that are dangerous to the entire living web of creatures, human and nonhuman.'[73]

Wenn man gleichzeitig beobachtet, dass Anthropologen sogar den Personbegriff zumindest analogisch auf nichtmenschliche Tiere ausdehnen,[74] und dass gleichzeitig die Unterscheidung von Handlungen der Menschen und dem Verhalten von Tieren in einigen Diskussionen aneinander angeglichen oder sogar aufgehoben werden,[75] so dass der Handlungsbegriff seinen einstigen fundamentalanthropologischen Status verliert, dann wird man die Relativierung der Unterscheidung von Kultur und Natur schlicht anerkennen müssen – ob man sie nun begrüßt oder für falsch hält. Eine Relativierung der Unterscheidung bedeutet ja nicht, dass sie gar kein Recht hätte. Vielmehr werden Übergänge deutlich und auch, dass das eine nicht ohne das andere zu haben ist.

Für uns bedeutet das, dass auch nichtmenschliche, „natürliche" Tiere (und nicht nur Kulturtiere) narrative Lebewesen sind: Sie sind primärnarrative Lebewesen, weil sie jeweils eine primärnarrative Geschichte haben. Aber sie sind auch sekundärnarrative Wesen zweiter Ordnung: nicht, weil sie sich Geschichten erzählen könnten (auch wenn die Biosemiotik nach rudimentären Arten des Zeichengebrauchs bei nichtmenschlichen Tieren erfolgreich gefragt hat[76]), sondern weil ihre primärnarrativen Geschichten von den sekundärnarrativen Kulturbildungen des Menschen mitbestimmt sind – und umgekehrt unsere primärnarrativen und sekundärnarrativen

---

72 Vgl. WILSON, E.O., Sociobiology, 322.
73 KELSEY, D., Eccentric Existence, 118.
74 Vgl. FUENTES, A., The Humanity of Animals and the Animality of Humans.
75 Vgl. INGOLD, T., Anthropologie jenseits des Menschen.
76 Vgl. FUENTES, A./KISSEL, M./PETERSON, J., Semiose in der Evolution.

Geschichten von den primärnarrativen Geschichten nichtmenschlicher Tiere mitbestimmt werden.

2.8 Die Externalität der Bedeutung und die *mens extensa*

Neben der Aufhebung der Kultur-Naturdifferenz ist die Anthropologie der Gegenwart durch eine Aufhebung der cartesischen Unterscheidung von *res extensa* und *res cogitans* gekennzeichnet. Dies kann unterschiedliche Formen annehmen. Hilary Putnam konnte durch seine Zwillingserdengedankenexperimente zeigen, dass die Bedeutung von semantischen Einheiten (Begriffen) keine geistige Angelegenheit ist, sondern von der vergangenen Geschichte und damit von der Einbettung der Sprachverwender in eine narrative Umwelt abhängig ist.

> In unserer Welt gibt es die Substanz H_2O mit bestimmten objektiven Eigenschaften. Wir nennen Sie „Wasser". Man stelle sich nun eine Zwillingswelt vor, die genau so beschaffen ist wie unsere Welt mit der Ausnahme, dass es kein H_2O gibt, sondern eine unbekannte Substanz XYZ, auf die die Bewohner der Zwillingswelt aber reagieren wie wir auf H_2O und die diese Bewohner ebenfalls „Wasser" nennen. Wird nun ein Bewohner dieser Zwillingswelt ohne sein Wissen in unsere Welt versetzt, dann wird er vor einem Glas Wasser stehend wie auch sein Zwilling den Satz äußern „Das ist Wasser". Auch alle messbaren Gehirnzustände werden identisch sein. Dennoch ist der Satz des Erdenbewohners wahr, der des Zwillings aber falsch, weil die Substanz ja nicht XYZ, sondern H_2O ist. Putnam schließt daraus lapidar: „Wie immer man es auch wendet oder dreht: ‚Bedeutungen' sind einfach nicht im Kopf"[77].

David Chalmers und Andy Clark gehen in ihrer These des *extended mind* noch einen Schritt weiter: Sie behaupten, dass der Geist auch in seinem aktualen Vollzug in die Welt ausgedehnt sei und nicht vor den Grenzen von *skin and scull*"[78] halt mache. Neben zahlreichen empirischen Sachverhalten wird auch hier gern ein Gedankenexperiment vorgenommen.

> Die normale Person Inga hat einen bestimmten Geistesgehalt – die Lage des *Museum of Modern Art* (MoMa) in der *53th Street* in New York – in ihrer Erinnerung, die sie befähigt, tatsächlich das MoMa aufsuchen zu können. Der

---

77 PUTNAM, H., Meaning of 'Meaning', 227: '*Cut the pie anyway you like, „meanigs" just ain't in the head*'.
78 Vgl. CLARK, A./CHALMERS, D.J., The Extended Mind, 23. Andy Clark hat jüngst seine These noch in funktionalistischer Hinsicht untermauert, vgl. CLARK, A., Supersizing the Mind.

Alzheimerpatient Otto jedoch vergisst ständig die Lage des MoMa. Daher schreibt er diese Information in sein Notizbuch und konsultiert dies mehrere Male auf dem Weg zum MoMa. Die These besagt nun, dass beide Situationen äquivalent – genauer: funktionsäquivalent – sind, und infolgedessen das Notizbuch genauso zu Ottos Geist gehört, wie die Erinnerung zu Ingas.

Die Konsequenz wäre, dass auch Computertastaturen, das Griffbrett einer Geige, etc. zum Geist einer Person gehörten – und implikativ auch lebendige Mitgeschöpfe wie Menschen, Tiere und Pflanzen, und der Geist damit ein räumlich ausgedehntes prozessual-relationales Geschehen wäre – und zwar in Vergangenheit, Gegenwart und Zukunft, und nicht nur in der Vergangenheit wie in Putnams Externalismus der Bedeutung.

Während Clark und Chalmers ihre Thesen eher in naturalistischem Rahmen sehen, geht Anton Friedrich Koch mit seiner These der *mens extensa* nicht reduktionistisch und klassisch philosophisch vor. Begrifflichkeit hat einerseits die Seite des Allgemeinen. Deutlich ist aber auch, dass noch so viele Kombinationen von Allgemeinbegriffen (z.B. eine sich drehende, rote, weich anfühlende Kugel, deren Schwerpunkt nicht ganz im Mittelpunkt liegt, und die ...) nicht zur Individuation führt, sich nicht auf die primärnarrative Wirklichkeit beziehen kann, sondern immer ein Abstraktionsprodukt bleibt. Erst wenn indexikalische Kennzeichnungen oder *deixis* hinzukommen (*ich* also von *dieser* Kugel sprechen kann), ist ein Bezug zur Wirklichkeit möglich. Indexikalität ist damit eine Bedingung des Wirklichkeitsbezugs und sie ist im Wahrwertnehmen immer schon genauso vorausgesetzt, wie übrigens auch in der imaginativen Phantasie des Tagträumens:[79] Träume sind keine Abstrakta. Im Wahrwertnehmen geschieht nun nichts anderes, als dass sich *mir* Wahrgenommenes indexikalisch präsentiert (hier, dort, unten, links, hinten, gestern, gerade jetzt, etc.). Jenes „mir" im letzten Satz aber ist selbst ein indexikalischer Ausdruck, der auf meinen Leib als Einheit von Körper und Geist referiert. Das „mir" kann nicht auf einen unkörperlichen Geist referieren, weil dann jene ausgedehnte Indexikalität nicht möglich wäre, also ich etwas wäre, dem gar nichts anderes erscheinen könnte und das sich seinerseits nicht auf anderes beziehen könnte. Es kann sich aber auch nicht auf einen geistlosen Körper beziehen, der gar nicht in einer Bezugssituation

---

79 Vgl. KOCH, A.F., Raum als allgemeines Bewusstseinsfeld, 101.

stehen könnte. Daraus folgt, dass durch die Indexikalität Geistigkeit und Leiblichkeit intern relational so verschränkt sind, dass das eine ohne das andere nicht zu haben ist:

> ‚Dass hingegen der Geist ausgedehnt ist, gehört zu seiner Natur als Bewusstsein. An seiner Basis ist alles Bewusstsein kollektiv, ein einziges Feld für alle wahrnehmenden Wesen. [...] Es gibt übrigens noch einen weiteren Sinn, einen ganz naheliegenden, in dem vom ausgedehnten Geist zu reden wäre. Erstens erstreckt der Geist sich als Bewusstsein über unsere Körpergrenzen hinaus in die Weite des Raumes, den unsere Einbildungskraft ins potentiell Unendliche ausdehnt. Zweitens ist der Geist notwendig leiblich, ein lebendiger menschlicher Körper, und auch in diesem Sinn eine *res extensa*, ein ausgedehntes Ding. Wir sind nicht zusammengesetzt aus Körper und Geist, sondern beides, Leib und Geist, in einem. Die Grenzen unseres Leibes erfahren wir kraft der affektiven Besetzung des Wahrnehmens, die besonders an die Nahsinne Riechen, Schmecken und Tasten gebunden ist, doch in geringerer Intensität auch an die Fernsinne Sehen und Hören sowie an körperliche Befindlichkeiten wie Hunger und Durst, Unwohlsein und Wohlbefinden. Unser Leib reicht so weit, wie es wehtut oder guttut, wie das Wahrgenommene sich so oder so anfühlt.'[80]

Geistigkeit ist also gar nicht anders als Räumlichkeit, als leiblicher Geist zu denken.

2.9 Auf dem Weg zu einer erweiterten Evolutionstheorie am Beispiel der Nischenkonstruktion

Während die synthetische Evolutionstheorie bis Ende des 20. Jh. insofern dualistisch verfasst war, als sie adaptionistisch vorging, so dass Organismen oder Populationen als in einer Umwelt eingebettet beschrieben wurden, die einen Selektionsdruck zu Anpassungen der Organismen ausübt, ist gegenwärtig klar, dass die bisherige synthetische Theorie einmal mehr zu erweitern, wenn nicht gar zu übersteigen ist, und zwar aus phänomenalen Befunden selbst heraus.[81] Neben vielen Vorschlägen (evo-devo, evolutions in four dimensions, die neue Rolle der Kooperation,

---

80 KOCH, A.F., Raum als allgemeines Bewusstseinsfeld, 102.
81 Vgl. LALAND, K.N./ULLER, T./FELDMAN, M./STERELNY, K./MÜLLER, G.B./ MOCZEK, A./JABLONKA, E./ODLING-SMEE, F.J./WRAY, G.A./HOEKSTRA, H.E./TFUTUYAMA, D.J./LENSKI, R.E./MACKAY, T.F.C./SCHLUTER, D./STRASSMANN, J.E., Does Evolutionary Theory Need a Rethink?

spieltheoretische Modellierungen, etc.)[82] möchte ich hier nur einen, den Vorschlag der Nischenkonstruktion bzw. Nischenrezeption kurz herausstellen, weil er eine vergleichsweise sanfte Erweiterung darstellt, die dennoch gravierende Folgen hat. Die klassische Evolutionstheorie kann mithilfe zweier Differentialgleichungen beschrieben werden, die beide zur gleichen Zeit gültig sind:[83]

(1) $\quad \dfrac{dO}{dt} = f(O, E)$

(2) $\quad \dfrac{dE}{dt} = g(E)$

In Gleichung (1) meint dO die Veränderung der Organismen (O), dt die Veränderung der Zeit (t), während f(O,E) eine Funktion zwischen den Organismen und der Umwelt bedeutet. Ausgedrückt wird also, dass die Veränderung der Organismen durch die Zeit (dO/dt) sowohl vom Zustand der Organismen als auch vom Zustand und der Veränderung der Umwelt abhängt. Diese Veränderung der Umwelt (dE) durch die Zeit (dE/dt) ist nun aber gemäß Gleichung (2) lediglich eine Funktion g(E), die vom Zustand der Umwelt abhängig ist, nicht von den Organismen – obwohl diese ja Teil der Umwelt sind. Die Nischenkonstruktionstheoretiker schlagen demgegenüber alles in allem eine Modifikation der zweiten Gleichung vor:

(2*) $\quad \dfrac{dE}{dt} = g(O, E)$

In Gleichung (2*) ist nun die Veränderung der Umwelt durch die Zeit (dE/dt) jetzt ebenfalls eine Funktion der Veränderung des Zustands der Umwelt in Beziehung zum Zustand der Organismen. Damit beschreiben diese Gleichungen die *Koevolution von Organismen und Umwelt*. Beide fungieren hier sowohl als Ursachen als auch als Effekte, so dass

---

82 Vgl. für eine kurze Übersicht von Erweiterungskandidaten MÜHLING, M., PST II, Kap. 38.3.2, 566 f und vgl. FUENTES, A., A New Synthesis.
83 Vgl. ODLING-SMEE, F.J./LALAND, K.N./FELDMAN, M.W., Niche Construction, 18 und dazu MÜHLING, M., PST II, Kap. 38.3.3, 567–573.

der *unidirektionale Charakter* der klassischen Evolutionstheorie *aufgegeben* ist. Diese scheinbar nur geringfügige Änderung ändert aber tatsächlich sehr viel. Die signifikantesten Änderungen bestehen darin, dass nun die strikte Unterscheidung von Genotyp und Phänotyp aufgegeben wird, manchmal zugunsten eines *phenogenotype*,[84] und dass die für die Entwicklung von Populationen relevante Information nun nicht mehr lokalistisch in den Genen gespeichert betrachtet wird, sondern insgesamt als ökologische Information im sich Ereignen der Umwelt oder Mitwelt verstanden werden muss.[85] Obwohl auch die Nischenkonstruktionstheorie nicht ohne quasi-religiöse Gehalte auskommt,[86] scheinen mir diese doch so gering zu sein, dass man hier eine konzeptionelle Nähe zum Menschen inmitten des Gewebes sehen kann.

2.10 Postökologie

An dieser Stelle breche ich die Besprechung gegenwärtiger nichttheologischer Konzeptionen, die aus Sicht der theologischen Anthropologie mehr oder weniger anschlussfähig oder zu kritisieren sind, ab. Als Letztes möchte ich nur auf eine Distinktion hinweisen, die sich in anthropologischen Betrachtungen der Gegenwart durchzusetzen scheint, ohne benannt zu sein, und die auf einen Gegensatz hinweist, der mir kaum überwindbar erscheint. Man kann diesen Gegensatz mit den Begriffen Postökologie versus Ökologie modellieren (eingedenk der o.a. Problematik des Ökologiebegriffs): Ökologische Modelle in diesem Sinne sind konservativ eingestellt. Sie wollen ein Humanum des Menschen, worin immer es gesehen wird, in oder inmitten einer Umwelt oder Mitwelt bewahren oder schützen. Als Paradebeispiel kann Hans Jonas' Heuristik der Furcht als Handlungsanweisung gelten, auch wenn diese noch klassisch am spezifisch menschlichen Handeln orientiert ist.[87] Dagegen stehen Postökologien, in der Regel von Posthumanisten und Transhumanisten vertreten, die insofern progressiv sind, als sie die Notwendigkeit der Transzendierung

---

84 Vgl. FUENTES, A., Blurring the Biological and Social, 50.
85 Vgl. ODLING-SMEE, F.J./LALAND, K.N./FELDMAN, M.W., Niche Construction, 42.
86 Vgl. zur Kritik MÜHLING, M., PST II, Kap. 38.3.5, 577–580.
87 Vgl. JONAS, H., Prinzip Verantwortung, 391 f.

sowohl des Humanum als auch der gegenwärtigen natürlichen oder/und kulturellen Lebenswelten anstreben oder als unumgänglich ansehen.[88] Beide Sichtweisen führen hier zu prinzipiell anderen Handlungsoptionen. Innerhalb der relativierten Natur-Kultur Differenz erhält quasi in den ökologischen Modellen immer noch die Natur die Federführung, während in den Postökologischen Modellen die Kultur, deren Subjekt nicht mehr der Mensch, sondern die starke KI ist, die Federführung übernimmt.

3. Die Aufgabe eines Ethos der Geschöpflichkeit im pluralistischen Zusammenhang mit *ethe* der relationalen Verbundenheit

Die Beispiele aus Abschnitt 2 dienten dazu aufzuzeigen, dass die in Abschnitt 1 entworfene theologische Anthropologie einerseits an bestimmte nicht-theologische Entwicklungen anschlussfähig ist, ohne aber eine Ableitung aus diesen darzustellen, andererseits aber gleichzeitig ein kritisches Potential in gegenwärtige Debatten um den Menschen inmitten seiner Mitwelt einbringen kann. Das lässt nach der Rolle der Religionen fragen. Diese Frage hat eine Außen- und eine Innenperspektive.

Beginnen wir mit der Außenperspektive, auch wenn diese für einen Theologen nicht wirklich einnehmbar ist. Schon seit den 1960er Jahren wird vor allem in der Sozialanthropologie und hier vor allem angeregt durch die Arbeiten Roy Rappaports nach der Rolle der Religion im Gemenge von Mensch und Umwelt gefragt. Rappaports These, gewonnen an den indigenen Kulturen Papua Neuguineas, ist, vereinfacht gesagt, dass es die *praxis pietatis*, genauer liturgische oder kulturelle Handlungen sind, die eine Gesellschaft davor bewahren, wirtschaftliche oder politische Gründe so wirkmächtig werden zu lassen, dass das ökologische Gleichgewicht gestört wird.[89] Hätte Rappaport recht, könnten sich zwar

---

88 Vgl. BOSTROM, N., Transhumanist FAQ; KHATCHADOURIAN, R., Doomsday Invention; BOSTROM, N., Future of Humanity; BOSTROM, N., Superintelligence; KURZWEIL, R., Singularity is Near und zur Kritik MÜHLING, M., PST II, Kap. 45.6.2, 862–868.
89 Vgl. RAPPAPORT, R., Pigs for the Ancestors; RAPPAPORT, R., Ritual and Religion.

auch Religionen in der Krise befinden, aber sie hätten – anders als bei Latour, der auf das frei Spiel aller Naturkulturaktanten setzt, und der den Religionen wenig zutraut[90] – doch zumindest geschichtlich klassisch ein Potential, das es auch in der gegenwärtigen Krise zu bedenken gäbe.
Und damit bin ich bei der theologischen Innenperspektive. Diese tritt auf der Basis der in Abschnitt 1 vorgestellten theologisch-anthropologischen Konzeption des Menschen inmitten des geschaffenen Gewebes für ein Ethos der Geschöpflichkeit ein, das es in der Lebenswelt zu entwickeln und zu entdecken gilt. Ein Ethos der Geschöpflichkeit ist ein Ethos der Gesamtheit des Werdens von der partikularen christlichen Weglinienperspektive aus. Es ist deutlich, dass in einer globalisierten Welt angesichts globaler Überlebensprobleme die christliche Weglinienperspektive immer pluralistisch mit anderen Weglinienperspektiven verbunden ist, so dass eine rein christliche Partikularität, selbst wenn sie sich ökumenisch gebiert, nur unzureichend sein könnte. Was aber ist dann gefordert? Ein universales Schöpfungsethos, das unbeschadet aller Weglinienperspektiven gelten würde? Selbstverständlich widerspricht ein solches Programm dem phänomenalen Wahrwertnehmen auf dynamischen Weglinienperspektiven. Es würde hierin den potentiell totalitären, rein monistischen Konzeptionen Küngs, Hicks und anderer in der Pluralismusdebatte ähneln.[91] Obwohl deren Widersprüchlichkeit und Gefährlichkeit seit Langem erkannt sind, sind entsprechende Einheitsphantasien nicht aus den öffentlichen Debatten verschwunden. Wichtig ist, dass sich analoge Einheitsfiktionen in der noch wichtigeren Frage eines Ethos der Geschöpflichkeit nicht wiederholen. Zum partikularen Universalismus existieren keine Alternativen. Daher wird erstens das Ethos der Geschöpflichkeit im Rahmen des Christentums selbst plural auftreten müssen, indem es nicht ein Ethos ist, sondern mehrere *ethe*, die sich je nach konfessioneller und kultureller Gestalt des Christentums unterscheiden. Zweitens

---

90 Vgl. LATOUR, B., Kampf um Gaia, 111.
91 Vgl. dazu die Beiträge in HICK, J./KNITTER, P.F. (Hg.), Myth of Christian Uniqueness; D'COSTA, G. (Hg.), Christian Uniqueness Reconsidered; BERNHARDT, R. (Hg.), Horizontüberschreitung; HERMS, E., Pluralismus aus Prinzip; HERMS, E., Kirche in der Zeit; SCHWÖBEL, C., Christlicher Glaube im Pluralismus; MÜHLING, M., Liebesgeschichte Gott, 416–459.

werden diese christlichen *ethe* der Geschöpflichkeit plural mit anderen *ethe* anderer Weglinienperspektiven kommunizieren müssen – unter programmatischem Verzicht der Konstruktion von Einheits*ethen* von Anfang an. Auch Minimalkonsense zwischen diesen *ethen* sind nicht sinnvoll, da jedes Ethos nur ein solches ist, wenn es überhaupt in der Konkretion einer Lebenswelt existiert. Wichtig ist allerdings, dass es gelingt, dass das Kennzeichen der dynamisch konstitutiven Relationalität von unterschiedlichen Weglinienperspektiven aus, das im Falle des Christentums durch seine trinitarische Ontologie alles Werdenden immer gegeben ist, andere und eigenständige Begründungen finden kann. Wo ein Ethos nicht diese konstitutive Relationalität alles Geschaffenen aufweist, dessen ontische Solidarität und attentionale Zielbestimmungsfindung Handeln im Modus des *wayfaring* befördert, wird es für das Biotop des Planeten Erde insgesamt äußerst problematisch.

>Allerdings braucht man auch nicht besonders pessimistisch sein, dass sich solche partikular-universalen *ethe* der Verbundenheit oder Solidarität formulieren lassen, die *wayfaring* und *attentionales* Wahrwertnehmen in den Mittelpunkt stellen. Innerhalb des Christentums hat Christina Aus der Au gezeigt, dass sich eine ähnliche Konzeption auch auf Basis der Prozessphilosophie formulieren, und mit Johannes Fischers hermeneutischem Ethikansatz[92] kombinieren lässt,[93] so dass hier ein zwar mit einem anderen Theorierahmen begründeter, aber im Effekt in vielem unserem Ansatz ähnlicher Zugang vorliegt. Aus nicht christlicher Perspektive wird man bei Arne Naess' Ansatz einer *deep ecology*[94] in ein kritisch konstruktives Gespräch treten können, wie es z.B. Niels Gregersen getan hat.[95] Kritik ist hier notwendig, weil Naess' Holismus – Hegel lässt grüßen – Partikularität nicht wirklich zu denken erlaubt.

4. und die Klimakrise?

Nach Latour ist die Klimakrise oder die ökologische Krise insofern keine Krise, als ihr ein wesentliches Kennzeichen der Krise, dass sie temporär und vorübergehend ist, fehlt.[96] Diese nun nicht besonders innovative Einsicht mag zu dem Bewahrenswerten aus Latours Gaiabüchlein gehören,

---

92 Vgl. FISCHER, J., Theologische Ethik.
93 Vgl. AUS DER AU, C., Achtsam wahrnehmen.
94 Vgl. NAESS, A., Ecology, Community and Lifestyle.
95 Vgl. GREGERSEN, N.H., Deep Incarnation.
96 Vgl. LATOUR, B., Kampf um Gaia, 18 f.

wenn man ihm auch sonst nicht folgen mag. Im Unterschied zu allen in Abschnitt 2 genannten Ideen, Ansätzen und Metaphern ist das Konzept des Menschens in, mit und unter dem geschaffenen Gewebe zwar phänomenal orientiert, aber nicht einfach aus ihren Werten entkleideten Phänomenen abgeleitet, sondern offenbarungstheologisch orientiert. Es beschreibt die vergangene, gegenwärtige und innerweltliche Zukunft der Welt verrückt und gestört im Vergleich zu einem eschatischen Idealzustand, der aber weder eine Ideal noch eine Idealisierung[97] ist, sondern der eschatisch von einer neuen Schöpfung erhofft wird, der aber innerweltlich nicht erreicht werden kann. Diese Unverfügbarkeit, so ist zu hoffen, mag ein Ethos der Geschöpflichkeit vor Totalitarismen schützen. Gleichzeitig, so ist zu hoffen, mag ein Ethos der Geschöpflichkeit damit auch Hoffnung und Freude in einer schwierigen Lebenswelt generieren.

Ist das aber auch angesichts der Probleme effektiv? Eigentlich ist die Frage nach der Effektivität die falsche Frage. Aber ich denke doch, dass angesichts nicht kleiner, sondern größer werdender ökologischer Probleme ein christliches Ethos der Geschöpflichkeit doch wichtig ist. Auch wenn diese zukünftigen Problematiken nicht vollständig antizipierbar sind, so dass eine zielorientierte Bearbeitung im auf das erhaltende Regiment beschränkten Modus des *transport* nicht möglich ist, so ist doch klar, dass die Förderung unterschiedlicher, attentionaler *ethe* der Verbundenheit im Modus des *wayfaring*, von denen das christliche, attentionale Ethos der Geschöpflichkeit eines ist, samt der Förderung der damit verbundenen Tugenden, unabdingbar für das zukünftige Leben ist.

Was also sind Menschen? Sie sind weder Gaias noch Medeas Kinder, sondern Geschwister des inkarnierten Logos.

Literatur

ANDRIANOS, LOUK/BIEHL, MICHAEL/GÜTTER, RUTH/MOTTE, JOCHEN/PARLINDUNGAN, ANDAR/SANDNER, THOMAS/STORK, JULIANE/WERNER, DIETRICH (Hg.), Kairos for Creation – Confessing Hope

---

[97] Vgl. zur Unterscheidung von Ideal (selbst nicht erreichbar, aber in abgestufter Weise realisierbar), z.B. „Gerechtigkeit" und Idealisierung (Abstraktion, die nicht realisierbar ist, z.B. „Kreis" im mathematischen Sinne) RESCHER, N., Pluralism, 195–198.

for the Earth. The „Wuppertal Call" – Contributions and Recomendations from an International Conference on Eco-Theology and Ethics of Sustainability, Solingen 2019.

AUS DER AU, CHRISTINA, Achtsam wahrnehmen. Eine theologische Umweltethik, Neukirchen-Vluyn 2003.

BAYNES-ROCK, MARCUS, Hyenas like Us. Social Relations with an Urban Carnivore in Harar, Ethiopia, Sydney, unpublished PhD Thesis

BEKOFF, MARC/PIERCE, JESSICA, Wild Justice. The Moral Lives of Animals, Chicago 2009.

BERNHARDT, REINHOLD (Hg.), Horizontüberschreitung. Die pluralistische Theologie der Religionen, Gütersloh 1991.

BOSTROM, NICK, The Future of Humanity, in BERG OLSEN, JAN-KYRRE/SELINGER, EVAN/RIIS, SOREN (Hg.), New Waves in Philosophy of Technology, New York 2009, 1–29.

–, Introduction – The Transhumanist FAQ: A General Introduction, in MERCER, CALVIN/MAHER, DEREK F. (Hg.), Transhumanism and the Body. The World Religions Speak, Basingstoke 2014, 1–17.

–, Superintelligence. Paths, Dangers, Strategies, Oxford – New York 2014.

CARLOWITZ, HANS CARL VON, Sylvicultura oeconomica oder haußwirthliche Nachricht und Naturgemäßige Anweisung zur wilden Baum-Zucht, Leipzig 1713.

CLARK, ANDY, Supersizing the Mind. Embodiment, Action and Cognitive Extension, Oxford–New York 2011.

CLARK, ANDY/CHALMERS, DAVID J., The Extended Mind, Analysis 58 (1998), 10–23

CRUTZEN, PAUL J., Albedo Enhancement by Stratosperic Sulfur Injections. A Contribution to Resolve a Policy Dilemma?, Climatic Change 77 (2006), 211–219

CRUTZEN, PAUL J./STOERMER, EUGENE F., The 'Anthropocene', Global Change Newsletter 41 (2000), 17–18

D'COSTA, GAVIN (Hg.), Christian Uniqueness Reconsidered. The Myth of a Pluralistic Theology of Religions, Maryknoll 1990.

DEANE-DRUMMOND, CELIA, The Wisdom of the Liminal. Evolution and other Animals in Human Becoming, Grand Rapids 2014.

FISCHER, JOHANNES, Theologische Ethik. Grundwissen und Orientierung, Stuttgart u.a. 2002.

FUENTES, AGUSTIN, Blurring the Biological and Social in Human Becomings, in INGOLD, TIM/PALSSON, GISLI (Hg.), Biosocial Becomings, Cambridge 2013, 42–58.

FUENTES, AGUSTÍN, Ethnoprimatology and the Anthropology of the Human-Primate Interface, Annu. Rev. Anthropol. 41 (2012), 101–117

–, The Humanity of Animals and the Animality of Humans. A View from Biological Anthroüpology Inspired by J.M. Coetzee's Elisabeth Costello, American Anthropologist 108 (2006), 124–132

–, A New Synthesis. Resituating Approaches to the Evolution of Human Behaviour, Anthropology Today 25 (2009), 12–17

FUENTES, AGUSTÍN/KALCHIK, STEPHANIE/GETTLER, LEE/KWIATT, ANNE/KONECKI, MCKENNA/JONES-ENGEL, LISA, Characterizing Human Macaque Interactions in Singapore, American Journal of Primatology 70 (2008), 1–5

FUENTES, AGUSTIN/KISSEL, MARC/PETERSON, JEFFREY, Semiose in der Evolution von Primaten und Menschen, in HEMMINGER, HANS-JÖRG/BEUTTLER, ULRICH/MÜHLING, MARKUS/ROTHGANGEL, MARTIN (Hg.), Geschaffen nach ihrer Art. Was unterscheidet Tiere und Menschen?, Frankfurt/M. 2017, 33–51.

FUENTES, AGUSTIN/VISALA, AKU (Hg.), Verbs, Bones, and Brains. Interdisciplinary Perspectives on Human Nature, Notre Dame (In) 2017.

GEHLEN, ARNOLD, Der Mensch. Seine Natur und seine Stellung in der Welt, Wiesbaden [13]1986.

GIBSON, JAMES JEROME, The Ecological Approach to Visual Perception, New York – London 2015.

GREGERSEN, NIELS HENRIK, Deep Incarnation. Why Evolutionary Continuity Matters in Christology, Toronto Journal of Theology 26 (2010), 173–188

HAECKEL, ERNST, Generelle Morphologie der Organismen. Allgemeine Gründzüge der machanischen Wissenschaft von den entwickelten Formen der Oganismen, begründet durch die Descendenz-Theorie. Bd. 1: Allgemeine Anatomie der Organismen, Berlin 1866.

HERMS, EILERT, Kirche in der Zeit, in HERMS, EILERT (Hg.), Kirche für die Welt, Tübingen 1995, 231–317.

–, Pluralismus aus Prinzip, in HERMS, EILERT (Hg.), Kirche für die Welt, Tübingen 1995, 467–485.

HICK, JOHN/KNITTER, PAUL F. (Hg.), The Myth of Christian Uniqueness. Toward a Pluralistic Theology of Religions, Eugene ND2005.

HÖRL, ERICH, Die Ökologisierung des Denkens, Zeitschrift für Medienwissenschaft 14 (2016), 33–45

HORN, EVA/BERGTHALLER, HANNES, Anthropozän. Zur Einführung, Hamburg 2019.

HORNBORG, ALF, The Political Ecology of the Technocene.Uncovering Ecologically Unequal Exchange in the World-System, in HAMILTON, CLIVE/GEMENNE, FRANCOIS/BONNEUIL, CHRISTOPHE (Hg.), The Anthropocene and the Global Environment Crisis, London 2015, 57–69.

INGOLD, TIM, Anthropologie jenseits des Menschen, in BEUTTLER, ULRICH/HEMMINGER, HANSJÖRG/MÜHLING, MARKUS/ROTHGANGEL, MARTIN (Hg.), Geschaffen nach ihrer Art. Was unterscheidet Menschen und Tiere? (JKHG 30), Frankfurt/M. u..a. 2017, 52–75.

–, To Human is a Verb, in FUENTES, AGUSTÍN/VISALA, AKU (Hg.), Verbs, Bones and Brains., Notre Dame 2017, 71–87.

JONAS, HANS, Das Prinzip Verantwortung, Frankfurt/M. 1979.

KELSEY, DAVID, Eccentric Existence. A theological Anthropology, Louisville 2009.

KHATCHADOURIAN, RAFFI, The Doomsday Invention. Will Artificial Intelligence Bring us Utppia or Destruction?, The New Yorker 23.11.2015 (2015), 64–79

KISTLER, SEBASTIAN, Bewahrung der Schöpfung, Verkündigung und Forschung 66 (2021), 67–79

KOCH, ANTON FRIEDRICH, Der Raum als allgemeines Bewusstseinsfeld, in MÜHLING, MARKUS/BEUTTLER, ULRICH/ROTHGANGEL, MARTIN (Hg.), Raum. Interdisziplinäre Aspekte zum Verständnis von Raum und Räumen (JKHG 34), Frankfurt/M. et al. 2022, 85–96.

KURZWEIL, RAYMOND, The Singularity is Near. When Human Transcend Biology, New York 2005.

LALAND, KEVIN N./ULLER, TOBIAS/FELDMAN, MARC/STERELNY, KIM/MÜLLER, GERD B./MOCZEK, ARMIN/JABLONKA, EVA/ODLING-SMEE, F. JOHN/WRAY, GREGORY A./HOEKSTRA, HOPI E./TFUTUYAMA,

DOUGLAS J./LENSKI, RICHARD E./MACKAY, TRUDY F.C./SCHLUTER, DOLF/STRASSMANN, JOAN E., Does Evolutionary Theory Need a Rethink?, Nature 514 (2014), 161–164

LATOUR, BRUNO, Kampf um Gaia. Acht Vorträge über das Klimaregime, Berlin 2017.

LESTEL, DOMINIQUE, The Biosemiotics and Phylogenesis of Culture, Social Science Information 41 (2002), 35–68

LESTEL, DOMINIQUE/BRUNOIS, FLORENCE/GAUNET, FLORENCE, Etho-Ethnology and Ethno-Ethology, Social Science Information 45 (2006), 155–177

LOVELOCK, JAMES, Das Gaia-Prinzip. Die Biographie unseres Planeten, Zürich – München 1991.

–, Gaia. Die Erde ist ein Lebewesen, Bern u.a. 1992.

–, A Geophysiologist's Thoughts on Geoengineering, Philosophical Transactions of the Royal Society A 366 (2008), 1–8

LULLUS, RAIMUNDUS, Die neue Logik, lat.-dt., Hamburg 1985.

MEADOWS, D./RANDERS, I./BEHRENS, W., Die Grenzen des Wachstums. Bericht des Club of Rome zur Lage der Menschheit, Stuttgart 1972.

MEIREIS, TORSTEN, Schöpfung und Transformation. Nachhaltigkeit in protestantischer Perspektive, in JÄHNICHEN, TRAUGOTT/ET.AL. (Hg.), Nachhaltigkeit. Jahrbuch Sozialer Protestantismus 9, Gütersloh 2016, 15–150.

MERLEAU-PONTY, MAURICE, Phänomenologie der Wahrnehmung, Berlin 1966.

MOLTMANN, JÜRGEN, Weisheit in der Klimakrise. Perspektiven einer Theologie des Lebens, Gütersloh 2023.

MORGENTHALER, ERWIN, Von der Ökonomie der Natur zur Ökologie. Die Entwicklung ökologischen Denkens und seiner sprachlichen Ausdrucksformen, Berlin 2000.

MÜHLING, MARKUS, Liebesgeschichte Gott. Systematische Theologie im Konzept, Göttingen 2013.

–, Post-Systematische Theologie I. Denkwege – Eine theologische Philosophie, Leiden – Paderborn 2020.

–, Post-Systematische Theologie II. Gottes trinitarisches Liebesabenteuer: Dreieiniges Werden, ökologische Schöpfungswege, Menschen und Ver-rückung, Leiden – Paderborn 2023.

–, Resonanzen: Neurobiologie, Evolution und Theologie. Evolutionäre Nischenkonstruktion, das ökologische Gehirn und narrativ-relationale Theologie, Göttingen – Bristol (CT) 2016.

MÜLLER-RÖMHELD, WALTER (Hg.), Bericht aus Vancouver 1983. Offizieller Bericht der Sechsten Vollversammlung des Ökumenischen Rates der Kirchen 24.7.–10.8.1983 in Vancouver/Kanada, Frankfurt/Main 1983.

NAESS, ARNE, Ecology, Community and Lifestyle. Outline of an Ecosophy, Cambridge 1989.

ODLING-SMEE, F. JOHN/LALAND, KEVIN N./FELDMAN, MARCUS W., Niche Construction. The Neglected Process in Evolution, Princeton–Oxford 2003.

PANNENBERG, WOLFHART, Systematische Theologie I, Göttingen 1988.

PITTEL, KAREN/LIPPELT, JANA, Kurz zum Klima: Nachhaltigkeit und Naturkapital – wie viel und wie wichtig?, ifo Schnelldienst 67 (2014), 55–58

PUTNAM, HILARY, The Meaning of 'Meaning', in PUTNAM, HILARY (Hg.), Mind, Language and Reality. Philosophical Papers Vol. 2, Cambridge 1996, 215–271.

RAPPAPORT, ROY, Pigs for the Ancestors. Ritual in the Ecology of a New Guinea People, New Haven 1968.

–, Ritual and Religion in the Making of Humanity, Cambridge 1999.

RENDTORFF, TRUTZ, Vertrauenskrise? Bemerkungen zum Topos „Bewahrung der Schöpfung", ZEE 32 (1988), 245–249

RESCHER, NICOLAS, Pluralism. Against the Demand for Consensus, Oxford – New York u.a. 1993.

RICHARDSON, KATHERINE/ROCKSTRÖM, JOHANN/U.A., Earth beyond Sixof Nine Planetary Boundaries, Sciences Advances 9 (2023), 1–16

SCHÜRGER, WOLFGANG, Bewahrung der Schöpfung – Christliche Hoffnung für die Erde, Verkündigung und Forschung 66 (2021), 31–46

SCHWÖBEL, CHRISTOPH, Christlicher Glaube im Pluralismus, Tübingen 2003.

–, Gott, die Schöpfung und die christliche Gemeinschaft, in SCHWÖBEL, CHRISTOPH (Hg.), Gott in Beziehung, Tübingen 2002, 161–192.

STRAWSON, PETER F., Individuals. An Essay in Descriptive Metaphysics, London– New York 1959.

SUSSMAN, ROBERT/SUSSMAN, LINDA, Off Human Nature and on Human Culture. The Importance of the Concept of Culture to Sciene and Society, in FUENTES, AGUSTIN/VISALA, AKU (Hg.), Verbs, Bones, and Brains, Notre Dame 2016, 58–69.

UEXKÜLL, JAKOB VON, Umwelt und Innenwelt der Tiere, Berlin 1909.

WARD, PETER, The Flooded Earth. Our Future in a World without Ice Caps, New York 2010.

–, The Medea Hypothesis. Is Life on Earth Ultimatly Self-destructive?, Princeton 2009.

WATTS, ELIZABETH/HOSSFELD, UWE/LEVIT, GEORGY S., Ecology and Evolution. Haeckel's Darwinian Paradigm, Trends in Ecology and Evolution 34 (2019), 681–683

WHITEHEAD, HAL/RENDELL, LUKE, The Cultural Lives of Whales and Dolphins, Chicago – London 2015.

WILSON, EDWARD O., Sociobiology. The new synthesis, Cambridge, Mass. u.a. 1975.

WORLD BANK, The Changing Wealth of Nations, Washington, DC 2011.

Alexander Weihs*

Klimaprotest und Zukunftshoffnung. Die Klimakrise und die Vielfalt der religionspädagogischen Impulse

1. Klimakrise und Bildung – ein Überblick

Bildung wird im Horizont der Bemühungen, der Klimakrise entgegenzutreten, ein enormer Stellenwert zugesprochen. Weltweit anstoßgebend waren hier die Initiativen der Vereinten Nationen: Seit der Klimakonferenz von Rio de Janeiro (1992) ist das Konzept „Bildung für nachhaltige Entwicklung (BNE)" international wie national in zunehmender Intensität auf der Agenda. Das aktuelle Programm der UNESCO mit dem Titel „Education for Sustainable Development: Towards the Achieving the SDGs" läuft seit 2020 und zielt auf die Erreichung der siebzehn Nachhaltigkeitsziele der Vereinten Nationen (den so bezeichneten: Sustainable Development Goals). Bei diesen SDGs tritt Bildung in gleich doppelter Weise in wesentlicher Position in Erscheinung: Zum einen ist Bildung (als Nachhaltigkeitsziel 4; SDG 4) selbst Ziel und Gegenstand des angestrebten Entwicklungsprozesses. Zum anderen – und mehr noch – kommt Bildung aber als Instrument und Werkzeug in den Blick. Denn für die UNESCO stellt Bildung im Sinne einer Education for Sustainable Development (ESD) das entscheidende Mittel auf dem Weg zur Erreichung aller siebzehn Nachhaltigkeitsziele dar. Die Thematik des Klimaschutzes ist unter den Nachhaltigkeitszielen als SDG 13 ausdrücklich genannt.

Das Engagement der Vereinten Nationen ist in den vergangenen Jahrzehnten weiträumig rezipiert worden und hat sich in den Erziehungsprogrammen und Bildungsplänen der westlichen Demokratien nachdrücklich niedergeschlagen. Für die einzelnen Länder der Bundesrepublik

---

* Pädagogische Hochschule Karlsruhe, Institut für Katholische Theologie, Neues Testament und Religionspädagogik, (E-Mail: alexander.weihs@ph-karlsruhe.de).

Deutschland gilt, dass das Konzept „Bildung für nachhaltige Entwicklung" – zumindest der Papierform nach – flächendeckend die Schulen und vorschulischen Einrichtungen erreicht hat.

Als Beispiel können die entsprechenden Regelungen des Landes Baden-Württemberg dienen: Hier wurde in den Bildungsplänen für die allgemeinbildenden Schulen (2016) das Anliegen der „Bildung für nachhaltige Entwicklung (BNE)" als eine von sechs Leitperspektiven verankert, die den Kompetenzerwerb fächerübergreifend bestimmen sollen. Danach soll BNE dazu anleiten, „informierte Entscheidungen zu treffen und verantwortungsbewusst zum Schutz der Umwelt, für eine funktionierende Wirtschaft und eine gerechte Weltgesellschaft für aktuelle und zukünftige Generationen zu handeln."[1] Dies betreffe vor allem „die Beachtung der natürlichen Grenzen der Belastbarkeit des Erdsystems sowie den Umgang mit wachsenden sozialen und globalen Ungerechtigkeiten". Ausdrücklich rücken dabei Lernprozesse in den Blick, „die den erforderlichen mentalen und kulturellen Wandel befördern". Die Lernenden sollen dazu befähigt werden, nicht nur „als Konsumenten" und zukünftig „im Beruf", sondern auch „durch zivilgesellschaftliches Engagement und politisches Handeln einen Beitrag zur nachhaltigen Entwicklung" zu leisten. Dabei gehe es nicht zuletzt um die Befähigung und Bereitschaft, „an innovativen Lebens- und Gesellschaftsentwürfen mitzuwirken, die einen zukunftsweisenden und verantwortlichen Übergang in eine nachhaltige Welt möglich machen".

Die hier vorliegende Ausrichtung kann als typisch für die Implementierung von BNE an allgemeinbildenden Schulen angesehen werden, insofern es nicht allein um die Vermittlung von Kenntnissen und den Erwerb von formalen Kompetenzen geht, sondern die Konzeption auch auf bestimmte Transformationen in Haltung und Handeln zielt. Das heißt: Bildung ist hier intentional nicht ergebnisoffen, sondern es wird eine normative Idee in die Perspektivik des Bildungszusammenhangs

---

1 Das Zitat und die nachfolgenden Wiedergaben stammen aus dem offiziellen Text des Ministeriums für Kultus, Jugend und Sport Baden-Württemberg zu den Bildungsplänen 2016, Leitperspektive „Bildung für nachhaltige Entwicklung (BNE)": https://www.bildungsplaene-bw.de/,Lde/LS/BP2016BW/ALLG/LP/BNE.

eingetragen.² Dieser funktionale Aspekt entspricht zutiefst der Logik von BNE, die ja ausdrücklich beansprucht, eine Bildung „für" etwas zu sein, lässt andererseits aber auch danach fragen, wie ein solcher Charakter mit Bildungsverständnissen explizit emanzipatorischer Prägung in ein Vereinbarkeitsverhältnis gebracht werden kann.³

Politisch gesehen gibt es überaus gute Gründe, BNE mit einem hohen Grad an normativer Ausrichtung zu versehen. Denn auf der einen Seite führen die naturwissenschaftlichen Prognosen zum Klimawandel⁴ die enorme Dringlichkeit von notwendigen und möglichst unverzüglichen Reaktionen eindringlich vor Augen.⁵ Auf der anderen Seite weiß man empirisch aber auch nur zu gut um die Schwierigkeiten und Probleme, die – individuell und gesellschaftlich – ganz offenbar dabei bestehen, von (als richtig geglaubten) Einsichten zu entsprechenden Lebenshaltungen und Verhaltensweisen zu kommen.⁶

Hält man das Konzept „Bildung für nachhaltige Entwicklung (BNE)" für pädagogisch legitimierbar und gesellschaftlich aussichtsreich, wird

---

2 Zum einschlägigen politisch-pädagogischen Diskurs vgl. die differenzierte Darstellung von BEDERNA, Day, S. 71–80.
3 Vgl. GÄRTNER, Klima, S. 26–35, 74–82, 120–124.
4 Vgl. exemplarisch SCHELLNHUBER, Selbstverbrennung.
5 Dass angesichts der drohenden Klimakatastrophe ein Wandel der individuellen Lebenshaltung und gesamtgesellschaftlich eine weitgehende kulturelle Transformation unausweichlich sind, wird u.a. auch in den (ansonsten überaus unterschiedlich ausgerichteten) aktuellen Publikationen von THOMAS METZINGER (Bewusstseinskultur. Spiritualität, intellektuelle Redlichkeit und die planetare Krise), JOHN VON DÜFFEL (Das Wenige und das Wesentliche. Ein Stundenbuch) und JEREMY RIFKIN (Das Zeitalter der Resilienz. Leben neu denken auf einer wilden Erde) vertreten. Gemeinsam ist den dort vorzufindenden Empfehlungen ihre ausdrücklich säkulare Prägung und die Einschätzung der Klimakrise als epochale Herausforderung, die zu raschen Änderungen drängt. Als politisch grundlegend darf in diesem Zusammenhang der Hinweis von FELIX HEIDENREICH eingeschätzt werden, der auf die enorme Bedeutung der Möglichkeit zu „kollektiven Selbstbindungen" aufmerksam macht, die den demokratischen Gesellschaften grundsätzlich offenstehen; vgl. HEIDENREICH, Nachhaltigkeit, bes. S. 95–169, 222–241.
6 Vgl. BEDERNA, Day, S. 131–153; BEDERNA, Denn, S. 180–192; zum *mind-behavior-gap* auch GÄRTNER, Klima, S. 48–53 und SPAHN-SKROTZKI, Klimakrise, S. 147–153. Zudem SANDKÜHLER, Motivationsproblem, bes. S. 25–108.

man für den Raum Schule eine Umsetzung begrüßen, die (zum einen) Schule grundsätzlich als Erfahrungsraum von Nachhaltigkeit in Aussicht nimmt und gestaltet und (zum anderen) BNE als Aufgabe des Unterrichts in allen Schulfächern begreift. Im Gesamttableau der Schulfächer rücken nicht wenige Vertreter einer Nachhaltigkeits-Pädagogik vor allem die naturwissenschaftlich und gesellschaftswissenschaftlich ausgerichteten Fächer in den Fokus. Daneben wird aber auch die besondere Bedeutung des Ethik- sowie des Religionsunterrichts zunehmend gesehen und erkundet.

Die aktuelle Religionspädagogik kann auf eine regelrechte Vielzahl von BNE-relevanten Aspekten des schulischen Religionsunterrichts hinweisen. Wichtige Impulse sind auf gleich mehreren Ebenen angesiedelt: So können im Zuge einschlägiger Bildungsprozesse (erstens) spezifische anthropologische, eschatologische und soteriologische Perspektiven wirksam werden, (zweitens) bestimmte weiterführende Verhaltensoptionen kennengelernt und erprobt werden und (drittens) Erfahrungen mit selbstbestimmten Prozessen lebensorientierender Relevanz gesammelt werden.

2. Impulse aus der Schöpfungstheologie

Für religiöse Bildungsprozesse im Feld der christlichen Religionspädagogik ist erheblich, dass sie nicht inhaltsleer sind, sondern die Möglichkeit bieten, mit bestimmten Anschauungen christlicher Theologie und christlichen Glaubens bekannt und in immer größerem Maße vertraut zu werden. Zu den inhaltlich wichtigen Impulsen gehören in dem uns interessierenden Zusammenhang gewiss Anstöße aus der Schöpfungstheologie und ihren anthropologischen Konnotationen.

Nach biblischer Auffassung ist das menschliche Leben in grundlegender Weise ein „In-Beziehung-Stehen"[7]. Schöpfungstheologisch wird dieser Charakter des Menschen als „Wesen in Beziehung"[8] durch die beiden Basisanschauungen von der „Geschöpflichkeit" des Menschen einerseits

---

7 FREVEL, Art. Anthropologie, S. 2; vgl. zum grundlegend konstellativen Charakter auch JANOWSKI, Anthropologie, S. 38–41; LANDMESSER, Mensch, S. 65–69.
8 FREVEL/WISCHMEYER, Menschsein, S. 124.

und von dessen „Mitgeschöpflichkeit" andererseits ebenso bestimmt wie konturiert.[9] Mit der Anschauung von der *Geschöpflichkeit*, also vom Geschaffensein des Menschen, verbindet sich in der biblischen Anthropologie nicht nur der Gedanke einer radikalen Abhängigkeit und Verwiesenheit auf Gott, sondern auch das Bewusstsein, dass sich im Zuge des sich vollziehenden, grundlegend ins Leben rufenden Schöpfungswillens eine elementare Bezogenheit des Menschen auf den ihn bejahenden Schöpfer konstituiert. Diese Bezogenheit auf Gott gilt zum einen universal für alle Menschen[10], zum anderen aber gerade auch individuell – für jeden einzelnen Menschen – im Sinne eines „personalen und unverlierbaren Gottesverhältnisses"[11].

Wenn sich im individuellen Schöpfungshandeln eine personale Gottesbeziehung des Menschen von Anfang an konstituiert, entspricht dieser grundlegenden Bezogenheit, dass „keine Dimension des Menschseins aus der Gottesbeziehung ausgeklammert"[12] ist. Das betrifft unter dem Aspekt der *Mitgeschöpflichkeit* in elementarer Weise die Sozialität des Menschen, die sich im Beziehungsgeflecht mit seiner Umwelt und in seinen Beziehungen zu anderen Menschen realisiert.[13] Dass die Bezogenheit auf Gott und die Bezogenheit auf die Mit-Welt nach biblisch-anthropologischer Auffassung den Menschen immer schon vorgegeben sind, hat erhebliche Konsequenzen. Denn: Wenn die Bezogenheit auf Gott und auf die Mit-Welt zur *Natur* des Menschen gehört, stellt sich die Frage danach, in welchen Weisen und in welchen Arten Menschen diese Beziehungsverhältnisse ausgestalten, welche *Kultur* sie also diesen grundlegenden Bezogenheiten geben.[14]

---

9 Vgl. FREVEL, Art. Anthropologie, S. 2–7; zudem JANOWSKI, Anthropologie, S. 17–20, 27–33, 38–41; KONRADT, Schöpfung, S. 121–184; BAUKS, Theologie, S. 98–123; SCHÜLE, Schöpfung, S. 121–137.
10 Vgl. SÖDING, Gott, S. 58–71, bes. 69–71.
11 FREVEL, Art. Anthropologie, S. 2.
12 FREVEL/WISCHMEYER, Menschsein, S. 124; zudem 125–126.
13 Vgl. DOHMEN, Gott, S. 41–44; JANOWSKI, Anthropologie, S. 27–33; OORSCHOT, Aspekte, S. 59–61; MÜLLER, Gott, S. 27–28.
14 Zum Verständnis der Begrifflichkeiten im biblischen Kontext vgl. DOHMEN, Gott, S. 39: „‚Natur' meint das dem Menschen und seinem Zugriff Vorgegebene während ‚Kultur' das vom Menschen Gestaltete bezeichnet."

Die Schöpfungserzählungen (Gen 1–3) geben hierzu weitere Fingerzeige und Leitlinien: Den Gedanken der Gottebenbildlichkeit (Gen 1,26.27)[15] deutet die christliche Theologie auf die anthropologische Bedeutung und Würde des Menschen im Angesicht Gottes. Von hier ziehen sich starke Linien zum modernen Menschenrechtsdenken. Die Qualifizierung als Gegenüber Gottes erhält eine besondere Ausrichtung in Verknüpfung mit dem Herrschaftsauftrag[16], der nach Gen 1,28 (vgl. Gen 1,26) an die Menschen ergeht und in der neueren systematischen Theologie durchgehend als *Verantwortung* der Menschen für ihre Mit-Welt verstanden und ausgelegt wird.

Von beiden Aspekten können starke motivationale Impulse ausgehen, denn der erste Aspekt betont die Menschen und jeden einzelnen Menschen als von Gott gekannt und gewollt, der zweite Aspekt unterstreicht die verantwortungsvolle Rolle der Menschen in ihrer Verwobenheit in das Gesamt der Beziehungsgefüge ihrer Welt. Als Grundlinie tritt damit hervor: Ein Gott, der Leben will und Leben schafft, beauftragt zu lebenschützendem, lebenschaffendem Handeln.

Aktuelle systematisch-theologische Auslegungen stellen – so unterschiedlich ihre Zugänge und Perspektiven im Detail auch sein mögen – eben diese Grundauffassung ins Licht: Der trinitätstheologische Ansatz Franz Grubers verortet die Menschen inmitten des (horizontalen wie vertikalen) Beziehungs- und Verknüpfungsgeflechts der Welt und beschreibt das Geschaffene als von Gottes dynamischer Kraft durchdrungenes und vitalisiertes „Haus des Lebens".[17] Der rezeptionsästhetische Zugang von Christof Hardmeier und Konrad Ott betont die performative Kraft der Schöpfungstexte: Das im erlebenden Lesen sich konstituierende Mit- und Nachvollziehen der Urteile über die Welt als „gut" (Gen 1,4.10.12.18.25), ja sogar „sehr gut" (Gen 1,31) könne zu einem neuen Wirklichkeitsverständnis und einer entsprechend veränderten Naturethik anleiten und zu einem erneuerten – persönlich wirksamen – Naturverhältnis führen.[18]

---

15 Vgl. GIES, Anthropologie, S. 41–48; zudem LIEVENBRÜCK, Anthropologie, S. 205–212.
16 Vgl. FREVEL/WISCHMEYER, Menschsein, S. 50–52; DOHMEN, Gott, S. 25–32.
17 Vgl. GRUBER, Haus, bes. S. 11–45 und 175–233; zudem GRUBER, Schöpfungslehre, S. 131–172, bes. 143–146.
18 Vgl. HARDMEIER/OTT, Naturethik, bes. S. 49–167 und 225–334.

Noch wesentlich weiter geht die Positionierung Sally McFagues, die beansprucht, mit ihren Vorschlägen punktgenau auf die aktuellen Herausforderungen zu antworten: In ihrem prozesstheologisch inspirierten und feministisch-theologisch durchformten Ansatz liefert sie eine Anleitung zu einer Schöpfungsspiritualität, die über den Kerndanken, alles Geschaffene als „Body of God" zu verstehen, einen Missbrauch der Mit-Welt durch die Menschen motivational unterbinden möchte.[19]

Den Unterschied zu einem abgeflachten umgangssprachlichen Gebrauch von „Schöpfung" als Synonym für „Natur" markieren alle systematisch-theologischen Zugänge genau: Theologisch geht es bei „Schöpfung" um ein Beziehungsgeschehen, also um *Relationalität*.[20] Gegenüber einer als veraltet und schädlich betrachteten Anthropozentrik betonen die aktuellen schöpfungstheologischen Perspektiven die Gesamtheitlichkeit des Schöpfungszusammenhangs sowie das Aufeinanderzu und Miteinander des Geschaffenen, häufig mit Blick auf ein explizit biophiles Bewusstsein.[21] Die Aussage von der menschlichen Verantwortung ist theologisch dabei umfasst von der Überzeugung, dass die Schöpfung nicht nur auf den Willen und die Initiative Gottes zurückgeht, sondern dass Gott seine Schöpfung auch begleitet und zu einem guten Ende führen wird. Von Letzterem sprechen biblische Hoffnungsbilder, die in eindrucksvollen

---

19 Vgl. MCFAGUE, Leib, S. 154–160; MCFAGUE, Climate, bes. 43–176; MCFAGUE, Consumers, bes. S. 141–215; MCFAGUE, Jesus, S. 513–523; vgl. zudem ECKHOLT, Schöpfungstheologie, S. 10–32, 44–60.
20 Vgl. auch HUNZE, Schöpfung, bes. S. 43–52; zudem HUNZE, Entdeckung, bes. S. 71–134.
21 Diese Ausrichtung zeigt sich deutlich auch in der Enzyklika *Laudato si'* von Papst FRANZISKUS vom 24. Mai 2015, vgl. bes. LS 33, 49, 53, 61, 137–139; zudem 63, 197, 210 und 216–221. Siehe darüber hinaus das Apostolische Schreiben *Laudate Deum. An alle Menschen guten Willens über die Klimakrise* vom 4. Oktober 2023, bes. LD 1, 15, 19, 22, 25, 62–65 und 67–68. Vgl. zudem BALS, Provokation, S. 40–67; NOTHELLE-WILDFEUER, Grundelemente, S. 148–169; ECKHOLT, Schöpfungsspiritualität, S. 62–73; BEDERNA, Lasst, S. 42–47; VOGT, Umweltethik, S. 240–267; SPAHN-SKROTZKI, Klimakrise, S. 111–125. Zu wirtschaftsethischen Anschlusserwägungen vgl. GABRIEL/KIRCHSCHLÄGER/STURN, Wirtschaft.

Kontexten die Erwartung einer kosmologischen Vollendung, nicht zuletzt im Sinne einer „neuen Schöpfung", zum Ausdruck bringen.[22]

Dass sich von solchen Verständnissen her Motivationen und Imperative ableiten können, die zu einer ökologischen Theologie und potenzieller Weise auch zu einem entsprechenden Handeln führen können, ist grundsätzlich nicht zu bestreiten. Allerdings stellt sich nachdrücklich die Zielgruppen-Frage: Denn in den Bildungsprozessen des schulischen Religionsunterrichts spiegelt sich die aktuelle gesellschaftliche, kulturelle und weltanschauliche Heterogenität, weshalb viele Schülerinnen und Schüler allein schon die Voraussetzungen theologischen Schöpfungsdenkens (z.b. die Anschauung, dass es einen Gott gibt) nicht teilen. Die von den biblischen Schöpfungsnarrativen ausgehende Aufforderung, eine basale Bezogenheit auf Gott im Sinne eines engen und persönlichen Gottesverhältnisses zu kultivieren, wird also nur bei manchen (oder sogar nur wenigen) auf eine weitergehendere Resonanz stoßen. Anders steht es mit der zweiten appellativen Grundlinie der Schöpfungserzählungen, die auf die Verantwortung des Menschen zur Gestaltung seiner innerweltlichen Lebenskontexte abhebt. Sie zielt auf eine lebensförderliche Orientierung menschlichen Handelns und Verhaltens und damit auf eine Ausrichtungsoption, in der sich Menschen aller Weltanschauungen und Religionen grundsätzlich treffen können.

3. Impulse aus der Eschatologie

Möglicherweise noch wichtiger sind die motivationalen Anstöße, die von der christlichen Eschatologie und Soteriologie ausgehen können. Es geht dabei um eine Grundanschauung, die die Möglichkeiten alles menschlichen Handelns vor dem Hintergrund der fundamentalen göttlichen Heilszusage betrachtet. Diese Heilszusage geht – das ist durchgehende neutestamentliche Auffassung – jeglicher ethischer Forderung an die Menschen voraus.

Dem Evangelisten Markus war die Heraushebung dieser Struktur so wichtig, dass er sie programmatisch an den Anfang der Verkündigung

---

22 Vgl. zum Zusammenhang: GRADL, Schöpfung, S. 55–57, 66–78, 95–114; KONRADT, Schöpfung, S. 152–177.

Jesu stellte.[23] Der erste Satz Jesu im Markusevangelium lautet (Mk 1,15a): „Die Zeit ist erfüllt, das Reich Gottes ist nahegekommen" (Indikativ). Diese Zusage ist grundlegend, und auf dieses grundlegende Heil sollen die Menschen antworten, wozu Jesus mit den Worten auffordert (Mk 1,15b): „Kehrt um und glaubt an das Evangelium!" (Imperativ).

Unter vielen anderen sprachlichen Ausdrucksmöglichkeiten lässt sich die Heilszusage Gottes in heutigen Aussagezusammenhängen (in Anlehnung an Joh 3,16) auch in die Form kleiden: „Du, Mensch, bist von Gott geliebt und sollst nicht sterben". Die hier (und in ähnlichen Formulierungen) ausgesagte existenzielle Freisetzung hat hinsichtlich der Verwirklichungschancen solidarischen Verhaltens erhebliche Folgen: Spricht man als Christ bzw. Christin von dem immer wieder neu anzugehenden Versuch der Nachfolge Jesu, so weiß man, dass dieser Versuch nur gelingen kann auf der Basis des Wissens: „Ich darf mich von Gott geliebt und gerettet fühlen".

Auf welche Weise und wie stark Gott die Menschen liebt, ist nach neutestamentlicher Auffassung in herausgehobener Weise vom Weg Jesu selbst abzulesen, dessen Gesamt und dessen einzelne Stationen von der Liebe Gottes zu den Menschen erzählen. Der erste Johannesbrief bringt diese neutestamentliche Sicht in dem Satz auf den Punkt (1 Joh 4,8.16): „Gott ist Liebe". Die angemessene Antwort des Menschen ist das freiwillige Einstimmen in diese Liebe (1 Joh 4,19): „Wir wollen lieben, weil er uns zuerst geliebt hat."

Der Entschluss zu solidarischem, liebendem Handeln wäre demnach als eine frei gegebene Antwort des Menschen auf die vorausgehende Heilszusage Gottes aufzufassen. Die Heilszusage – die grundlegende, rettende, liebende Zuwendung Gottes – bildet die Basis und Motivationsgrundlage der eigenen Ausrichtung an den Kategorien von Solidarität und Nächstenliebe, die der Mensch als Einstimmen in die Liebe Gottes nachzuvollziehen eingeladen ist.

Dass in der Liebe die angemessene Antwort der Menschen auf die Liebe Gottes gesehen wird, zeigt sich besonders nachdrücklich in der Weise, wie in allen neutestamentlichen Traditionssträngen die Gottes und

---

23 Zur Interpretation von Mk 1,14 f. vgl. SÖDING, Evangelium, S. 37–42.

Nächstenliebe ins Licht gestellt wird.[24] So heben die synoptischen Evangelien das Doppelgebot der Gottes- und Nächstenliebe ausdrücklich als Lehre Jesu heraus (Mk 12,29–31 parr.; vgl. Dtn 6,4 f.; Lev 19,18)[25]: Die Liebe ist danach in ihrer vertikalen Dimension „mit ganzem Herzen" (Mk 12,30 parr.) und in ihrer horizontalen Dimension so unbegrenzt zu leben, dass sie bis zur Feindesliebe reicht (Mt 5,44–48; Lk 6,27 ff.35 f.).

In der johanneischen Tradition heißt es in der großen Abschiedsrede, die Jesus an seine Jünger richtet: „Ein neues Gebot gebe ich euch: dass ihr einander liebt! Wie ich euch geliebt habe, so sollt auch ihr einander lieben. Daran werden alle erkennen, dass ihr meine Jünger seid: wenn ihr Liebe habt zueinander!" (Joh 13,34 f.; vgl. auch 15,9–17).

Und bei Paulus findet sich dieselbe Ausrichtung ebenso nachdrücklich sowohl in appellativer als auch in argumentativer Form. So unterstreicht der Apostel im Galaterbrief: „… dient einander in Liebe! Denn das ganze Gesetz ist in dem einen Wort erfüllt, in dem: ‚Du sollst lieben Deinen Nächsten wie Dich selbst'" (Gal 5,13 f.). Noch deutlicher heißt es im Römerbrief: „Bleibt niemandem irgend etwas schuldig – außer dem (einen): einander zu lieben. Denn wer den Nächsten liebt, hat das Gesetz erfüllt. Denn das ‚Du sollst nicht ehebrechen', ‚Du sollst nicht töten', ‚Du sollst nicht stehlen', ‚Du sollst nicht begehren', und was immer es sonst an Geboten gibt, (das) ist in dem einen Wort zusammengefasst: ‚Liebe Deinen Nächsten wie dich selbst!' Die Liebe tut dem Nächsten nichts Böses an; so ist die Liebe die Erfüllung des Gesetzes" (Röm 13,8–10). Dieser Lehre des Paulus entspricht die Rühmung der umfassenden und selbstlosen Liebe, der *agape*, über alle anderen Grundhaltungen hinaus (vgl. 1Kor 12,31b-13,13): Die Liebe ist der „Weg, der alles übersteigt" (1Kor 12,31b), „die Liebe hört niemals auf" (1Kor 13,8), von den drei größten möglichen Grundhaltungen „Glaube, Hoffnung, Liebe" ist die Liebe „die größte" (1Kor 13,13). Dass sich diese Grundhaltung der Liebe fundamental auf die Weisung Christi bezieht und somit auch als Weg hinein in die *imitatio* verstanden werden kann, ist bei Paulus immer vorausgesetzt und

---

24 Vgl. zum Zusammenhang: SÖDING, Liebesgebot, S. 465–503; WEIHS, Gebot der Liebe, S. 19–22; KONRADT, Ethik, S. 94–121, 249–251, 284–285, 340–348, 385–412.
25 Vgl. auch die jeweiligen Kontexte Mk 12,28–34; Mt 22,34–40; Lk 10,25–28.

wird an wesentlichen Stellen seiner Briefe auch ausdrücklich ausgesprochen: „Tragt einander die Lasten, so werdet ihr das Gesetz Christi erfüllen" (Gal 6,2).

Für unseren Zusammenhang einer globalen Solidarität ist besonders die *Reichweite* zu beachten, die schon neutestamentlich der Aufforderung zur Liebe beigegeben ist: In der Beispielerzählung vom barmherzigen Samariter (Lk 10,29–37) wird die Nächstenliebe nicht im Vorhinein auf einen bestimmten Empfängerkreis eingegrenzt, sondern die Auslegung Jesu wirbt für eine grundsätzliche Bereitschaft, sich gegenüber denjenigen zum Nächsten zu machen, die Not leiden oder der Hilfe bedürfen (Lk 10,36 f.). Hiervon und von dem in den Evangelien dargestellten Verhalten Jesu leitet das Christentum seine Option für die Armen, die Ausgegrenzten, die Notleidenden ab. Dies deutet auf die bevorzugten Zielgruppen der geforderten Solidarität. Die *Entgrenzung* des Gebots zur Nächstenliebe wird schließlich in der – auf Universalität zielenden – Reichweite deutlich, die sich im Kontext von Bergpredigt (Mt 5,1–7,29) bzw. Feldrede (Lk 6,20–49) aus dem Appell zur Feindesliebe (Mt 5,44–48; Lk 6,27 ff.35 f.) und der gesteigerten Aufforderung zur Barmherzigkeit (Lk 6,36; vgl. Mt 5,48) ergibt.

Diese Ausweitungen und Entgrenzungen wahrzunehmen, ist erheblich, denn von ihnen ergeben sich nahezu selbstverständliche Linien (global) zur Solidarität mit den aktuellen Opfern der Folgen des Klimawandels und (terminlich) zur Solidarität mit den nachfolgenden Generationen.[26] Dies gilt umso nachdrücklicher auch angesichts der Universalität der biblischen Schöpfungstheologie, die alle Menschen – aller geographischen Räume und aller Zeiten – in gleicher Weise als Geschöpfe Gottes vor Augen stellt.

Es überrascht daher keineswegs, dass aktuelle systematisch-theologische Entwürfe gerade diese Aspekte von lebenschaffender Solidarität und Befreiung in den Mittelpunkt ihrer schöpfungstheologischen Rekonstruktionen stellen. So versucht Christine Büchner das Wirken Gottes in der Welt im Rahmen einer „Hermeneutik des Sich-Gebens" zu plausibilisieren:[27] Bei Schöpfung handelt es sich danach um eine – lebenschaffende – Gabe, in

---

26 Vgl. auch SPAHN-SKROTZKI, Klimakrise, S. 41–51.
27 Vgl. BÜCHNER, Gott, bes. S. 44–95, 301–394 und BÜCHNER, Konkurrenz, bes. S. 192–202.

der sich Gott in die Welt hinein entäußert, also selbst gibt. Das Geschaffene ist von Gott klar unterschieden, und doch bleibt Gott in der Schöpfung anwesend: in seiner Intention, universal Leben zu geben. Dem Geschaffenen eignet damit zutiefst Gabe-Charakter, wobei die Menschen dazu aufgefordert sind, diesem Gabe-Charakter gerecht zu werden: in einer lebenschaffenden Ausrichtung, die ihrer Bestimmung, Gabe zu sein, gerecht wird.

Noch deutlicher auf das Engagement für Gerechtigkeit und befreiendes Handeln zielt der Ansatz von Andreas Benk:[28] In seiner „visionären Schöpfungstheologie" betrachtet er die biblischen Schöpfungserzählungen als „Visionen von Gerechtigkeit", die die fundamentale (und brutale) Diskrepanz zwischen dem erhofften Leben und den real bestehenden Zuständen unserer Gegenwart offenlegen. Das in den Schöpfungserzählungen vor Augen geführte „gut sein" ist aktuell eben gerade noch nicht verwirklicht, sondern grundlegend verfehlt, weshalb die biblischen Narrationen – im Sinne von Schulungen des Möglichkeitssinns und als Hoffnungsbilder – zum Einsatz provozieren: zu einem befreienden, rettenden, helfenden, solidarischen Verhalten und Handeln.

Die diskursiven Chancen dieser eschatologisch wie soteriologisch ausgerichteten Linie wird man bezogen auf das Feld einschlägiger Bildungsprozesse im Religionsunterricht der Schule ausgesprochen differenziert zu beurteilen haben: Vor dem Hintergrund der Heterogenität der empirisch anzutreffenden Weltsichten und Lebensdeutungen ist es offensichtlich, dass keineswegs alle Schülerinnen und Schüler für die theologischen Perspektiven des Angenommen-Seins, des Gerettet-Seins, der göttlichen Lebenszusage in gleicher Weise aufgeschlossen sein werden, manche wahrscheinlich gar nicht. Dagegen dürften Aspekte der menschlichen Ethik, wie die Fragen nach solidarischem Verhalten und Gerechtigkeit, grundsätzlich für alle Lernenden zugänglich sein.

---

28 Vgl. BENK, Schöpfung (2016), bes. S. 217–275; BENK, Befreiung (2020), bes. S. 68–79 und BENK, Vision (2021), bes. S. 5–9; vgl. zudem SCHUPP, Schöpfung, bes. S. 97–219, 503–587.

4. Das Phänomen und die Bedeutung des prophetischen Protests

Verfolgt man die Spur der (eher) allgemeinen Zugänglichkeit weiter, gelangt man zu einer – durchaus BNE-relevanten – Sparte von Bildungsangeboten des aktuellen Religionsunterrichts, in der fachspezifische Inhalte den begründeten Anlass dazu bilden, bestimmte Verhaltensoptionen hinsichtlich ihrer Charakteristika zu reflektieren und in subjektorientierten Zugängen zu erproben. Ein erstes – keineswegs zufällig gewähltes – Beispiel dafür ist das Phänomen des Prophetischen.

Inhaltlich gehört die Auseinandersetzung mit prophetischen Gestalten und prophetischer Rede zu den bibeldidaktischen Kernbeständen. Im aktuellen Religionsunterricht ist die Thematik fest verankert und begegnet in unterschiedlichen Altersstufen in der Grundschule und in den weiterführenden Schulen. Gegenstand ist dabei das biblische Prophetenbild, dessen typische Merkmale rasch zusammengestellt werden können[29]: Propheten sind danach von Gott berufene und in Anspruch genommene Menschen. In Gottes Auftrag haben sie eine bestimmte Botschaft zu übermitteln. Als in diesem Sinne legitimierte Gesandte weisen sie nicht selten eine auch persönliche Nähe zu Gott auf. Die Propheten treten auf, um die Menschen auf den Willen Gottes hinzuweisen und auf diesen erneut zu verpflichten. Im kritischen Abgleich mit den bestehenden Zuständen mahnen sie und warnen die Menschen vor heraufziehendem Unheil. Sie prangern Missstände an und rufen – oft in einem scharfen und schroffen Ton – zur Umkehr auf. In Zeiten der Krise und des Leidens können sie allerdings auch dezidiert auf die positive Macht Gottes hinweisen und eine Wende der bestehenden unheilvollen Zustände ansagen. Zum traditionellen Bild der Propheten gehört nicht zuletzt die Anschauung, dass ihnen in der Erfüllung ihres Auftrags nur selten ein durchschlagender Erfolg beschieden ist. Nach der alttestamentlichen Aussage vom typischen Geschick der Propheten ist für diese ein Schicksal der Abweisung – also des Nicht-Gehörtwerdens, der Missachtung, der Verspottung bis hin zur Verfolgung – viel wahrscheinlicher.[30] Dessen ungeachtet gehören zum

---

29 Vgl. WEIHS, Prophet, S. 75–77.
30 Zur biblischen Prophetengeschick-Aussage vgl. grundlegend STECK, Israel; zudem WEIHS, Jesus, S. 143–159; WEIHS, Deutung, S. 468–485.

Wirken mancher Propheten spektakuläre Zeichenhandlungen, durch welche sie das gesellschaftlich Normale oder Übliche unterbrechen, um dadurch (in Aufsehen erregender Weise) auf ihr Anliegen aufmerksam zu machen.

Für den Bereich gegenwärtiger religiöser Bildungsprozesse ist entscheidend, dass die Religionspädagogik nicht auf der Ebene eines themenspezifischen Wissens stehenbleibt, sondern über die Reflexion der Merkmale des Prophetischen ausdrücklich *Aktualisierungmöglichkeiten* in den Blick nimmt. Die Frage „Gibt es heute noch Prophetinnen oder Propheten?" kann erwägen lassen, welche gegenwärtig engagierten Personen Aspekte oder Elemente des Prophetischen aufweisen und über die Kriterien des Prophetischen reflektieren lassen. Für das Feld des Klimaengagements können hier eine große Bandbreite von Personen in den Fokus treten, die von Papst Franziskus über Greta Thunberg bis hin zu den Aktivisten von „Fridays for Future" oder der „Letzten Generation" reicht.

Noch einen Schritt weiter in die Lebenswelt und die persönlichen Lebensentscheidungen der Schülerinnen und Schüler hinein führt die Frage, ob denn nicht jeder Mensch grundsätzlich in bestimmter Weise oder in bestimmten Hinsichten prophetisch handeln kann. In konkreten Lernarrangements können die Wahrnehmung von Missständen, die Berechtigung der Kritik an diesen Missständen sowie die Legitimität und die Chancen der Forderung nach Veränderungen thematisiert und erkundet werden. Auf diesen Wegen des immer weitergehenderen subjektorientierten Kennenlernens des Phänomens des prophetischen Protests werden ethische wie religiöse Bildungserfahrungen ermöglicht, im Zuge derer die Sensibilität für Missstände, Notlagen und Ungerechtigkeiten weiterentwickelt und der Einspruch gegen Lebensminderungen und Lebensfeindlichkeit erprobt werden können.[31]

Die hohe Relevanz der genannten Aspekte für eine heutige Bildung für nachhaltige Entwicklung ist offensichtlich. Sie wird umso klarer, je deutlicher hervortritt, dass Kritik prophetischer Prägung keineswegs allein den

---

31 Dass solche Bildungswege auch schon im Grundschulalter erfolgreich beschritten werden können, zeigt exemplarisch die Unterrichtsreihe „Hört mir zu, ihr Menschen! Zugänge zu den Propheten über Worte und Bilder"; vgl. OBERTHÜR, Kinder, S. 132–167.

Einspruch im eigenen Interesse meint, sondern mehr noch eine Anwaltschaft für andere Menschen (z.B. in anderen Erdteilen oder Generationen) wahrnehmen kann. In diesen Horizont gehören im Kontext religiöser Bildungsprozesse selbstverständlich auch die Fragen nach eigener Schuld und persönlicher Änderungsbereitschaft sowie Erwägungen zu individuellen Folgen und gesellschaftlichen wie politischen Implikationen.

5. Das Phänomen und die Bedeutung des „hörenden Herzens"

Komplementär zu den eben betrachteten Möglichkeiten der Entwicklung und Erprobung kritischen Urteilens verhält sich ein anderes Grundmerkmal heutiger Religionspädagogik, das man in einem ersten Zugriff als Bereitschaft und Fähigkeit zum bewussten und aufmerksamen „Hören" charakterisieren kann. Auch dieses Charakteristikum ist von den fachspezifischen Gegebenheiten her begründet und legt eine bestimmte Verhaltensoption nahe, die nicht nur die schulische Wirklichkeit des Religionsunterrichts mitbestimmen sollte, sondern gegebenenfalls auch als Angebot zur Überführung in die je individuelle Persönlichkeitsausrichtung wirksam werden kann.

Es geht dabei um die Entwicklung von Resonanzfähigkeit[32], also um die Ausformung von Empathie und Achtsamkeit sowie um die grundsätzliche Bereitschaft, Schwingungen aus der Um- und Mitwelt nicht nur sensibel wahrzunehmen, sondern auch einer persönlichen Beantwortung zuzuführen. Zum Selbstverständnis aktuellen Religionsunterrichts gehört es, gerade hierzu weiten Raum zu eröffnen.

Nicht nur religionspädagogisch, sondern auch interdisziplinär wird diesen empathischen Fähigkeiten und Haltungen in zunehmender Weise eine gesellschaftliche Schlüsselbedeutung zugesprochen. Der Soziologe Hartmut Rosa betont dies u.a. im Rekurs auf die von König Salomo an Gott geäußerte Bitte um ein „hörendes Herz" (1 Kön 3,9).[33] Nach Rosas Einschätzung kommt es in den westlichen Gesellschaften zunehmend auf

---

32 Zum Begriff und zur Konzeption vgl. ROSA, Resonanz, S. 187–514, 707–762 und ROSA, Welt, bes. S. 87–91; für den Bereich schulischen Handelns auch ROSA/ENDRES, Resonanzpädagogik; zudem BELJAN/WINKLER, Resonanzpädagogik.
33 Vgl. ROSA, Demokratie, S. 21–22, 27–28 und 53.

Empathiebereitschaft, Rezeptionskompetenz und Resonanzfähigkeit an, um den Fortbestand bzw. die Weiterentwicklung von Demokratie und demokratischem Diskurs zu ermöglichen.[34] Die Religionen, nicht zuletzt das Christentum werden dabei von Rosa als Räume und Kontexte angesehen, in denen die entsprechenden Haltungen erfahren und eingeübt werden können.[35]

Die BNE-Relevanz der in religiösen Bildungsprozessen angestrebten Resonanzfähigkeit ist offenkundig.[36] Sie betrifft zum einen die Bereitschaft, die naturwissenschaftlich nachweisbare – und immer deutlicher auch subjektiv wahrnehmbare – Wirklichkeit der Klimaerwärmung in ihrem Aufforderungscharakter wahrzunehmen und nach persönlichen wie politischen Antworten zu suchen. Sie betrifft aber auch den beharrlich zu führenden gesellschaftlichen Nachhaltigkeitsdiskurs, dessen Erfolgschancen steigen, je mehr es gelingt, verhärtete Fronten aufzuweichen und – unter Zuhilfenahme von Empathie und Dialogbereitschaft – Lösungen zu finden.

6. Klimakrise, Nachhaltigkeitsforderung und Lebensorientierung

Eine ganz grundsätzliche Bedeutung hinsichtlich des Feldes BNE kommt dem schulischen Religionsunterricht schließlich aufgrund seines Charakters als ausdrücklich *lebensorientierendes* Fach zu. Was ist damit gemeint?

Im Hintergrund steht die Auskunft aus Soziologie, Psychologie und Kulturwissenschaften, dass in den heutigen westlichen Demokratien die Prozesse der fortschreitenden Modernisierung erhebliche Folgen für die Wege der Selbstkonstitution der Menschen zeitigen: Danach haben Liberalisierung und Pluralisierung einen Grad erreicht, der es den Individuen ermöglicht, über ihren Lebensstil, ihre Lebensausrichtung und ihre Lebensziele in einem Maß frei zu entscheiden, wie dies in der Menschheitsgeschichte möglicherweise noch nie zuvor der Fall gewesen ist.

---

34 Vgl. ROSA, Demokratie, S. 19–75.
35 Vgl. ROSA, Demokratie, S. 53–56 und 67–75.
36 Vgl. zur Bedeutung von Empathie, Achtsamkeit und Wertschätzung in allen BNE-relevanten Kontexten: SPAHN-SKROTZKI, Klimakrise, S. 163–194.

Die gegebene Freiheit stellt die Menschen zugleich aber auch vor entsprechende Anforderungen. Denn die angesprochenen Modernisierungsprozesse haben dazu geführt, dass auch die Vorgänge von Sozialisation und Sinnkonstruktion immer individualisierter ablaufen. Im Feld der individuellen Lebensplanung und des Lebensstils hat dies erhebliche Auswirkungen, insofern – mangels (eindeutiger) gesellschaftlicher Vorgaben – verlässliche Orientierungsmarken für die persönliche Lebensausrichtung mehr und mehr schwinden und infolgedessen die Individuen in den Prozessen der Lebensentwurfskonzeption zunehmend auf sich selbst zurückgeworfen sind. Entsprechend wird in den einschlägigen Bezugswissenschaften (Soziologie, Psychologie, Pädagogik, u.a.) das Erfordernis, sich einen eigenen Lebensentwurf, ein eigenes Lebenskonzept selbstständig erarbeiten zu müssen, nachdrücklich als eine Aufgabe betont, die jedem Menschen in notwendiger Weise (unumgehbar und unabtretbar) selbst aufgetragen ist. Fasst man die *Aufgabe Biographie* in diesem Sinne als die Erarbeitung eines – je eigenen – Lebensentwurfs, so wird man aus pädagogischer wie praktisch-theologischer Sicht hervorheben, dass dieser prozesshafte – und nie ganz abschließbare – Vorgang von persönlicher Sinnkonstruktion sich in angemessener Weise ausschließlich auf dem Weg eigenständiger Reflexion in Selbstdeutung und Selbstbestimmung vollziehen kann.[37]

Genau an dieser Stelle kann der Religionsunterricht einen spezifischen Beitrag leisten, insofern sich in seinem Rahmen in offenen Lernwegen *Anregungspotenziale zur Selbstreflexion* entfalten können. In ihrer Gesamtheit verstehen sich die entsprechenden Angebote ethischen wie religiösen Lernens als Unterstützungen auf dem Weg der in freier Selbstgestaltung sich vollziehenden Selbstwerdung des Menschen. Konkret geht es dabei nicht zuletzt um Lernarrangements und Lernlandschaften, von denen (potenzielle) Impulse zu Transformationsprozessen ausgehen, die sich in bestimmten Werthaltungen, Lebensanschauungen und Lebensstilentscheidungen niederschlagen können. Es versteht sich vor diesem Hintergrund, dass der Religionsunterricht einen geeigneten Rahmen dazu bietet, Aspekte des Klimadiskurses und Problemstellungen der

---

37 Zum Zusammenhang vgl. BAHR/KROPAČ/SCHAMBECK, Subjektwerdung, bes. S. 11–88, 113–217; WEIHS, Lernen, S. 139–159 und WEIHS/EPP, S. 67–76.

Nachhaltigkeitsthematik nicht nur zu diskutieren, sondern auch wertend auf der je persönlichen Landkarte der eigenen Lebensausrichtung zu verorten. Im Zusammenhang entsprechender Bildungsangebote werden die Schülerinnen und Schüler u.a. auf der Basis geeigneter Nachhaltigkeitsdefinitionen[38] an ausgewählten Beispielen die aktuellen und zukünftigen katastrophalen Folgen der gegenwärtig bestehenden Nicht-Nachhaltigkeit kennenlernen und über die prinzipielle Notwendigkeit zukunftsfähigen Handelns reflektieren. Vor allem aber bestehen im Rahmen einschlägiger Bildungsprozesse die besonderen Chancen darin, die eigene Haltung bzw. zukünftige Haltungsoptionen sowie das eigene Handeln bzw. zukünftige Verhaltensoptionen am Anspruch der Nachhaltigkeit abzugleichen und potenzielle Folgen für die eigene Lebensführung zu erwägen.

In einem so gestalteten Bildungsgang kann sich die Werbung für die Geltung der Nachhaltigkeitsforderung im Rahmen einer explizit emanzipatorischen Ausrichtung entfalten, die auf Selbstbestimmung und Selbstgestaltung setzt und aus pädagogischen Gründen unbedingt gewahrt werden muss und gewahrt werden kann. Dies gilt umso mehr, je deutlicher die Stärken einer Pädagogik ethisch-diskursiver Möglichkeiten gesehen werden, in der einer differenzierten Diskussion schlagender Geltungsgründe angemessen Raum gegeben wird.[39]

---

38 KATRIN BEDERNA (Day, S. 100) schlägt hierzu gemäß dem ethischen Prinzip der zeitlichen wie räumlichen Universalisierbarkeit die folgende Kennzeichnung vor: „Nachhaltig ist eine Handlung, Lebensform bzw. Wirtschaftsweise, die so mit ‚der Natur' umgeht, dass sie von jeder oder jedem anderen überall und immer wiederholt bzw. geteilt werden könnte". Vgl. auch VOGT, Umweltethik, S. 482–505; Vogt, Nachhaltigkeit, S. 219–231.

39 Vgl. BEDERNA (Day, S. 96–159, 183–209, 256–272), die „Nachhaltigkeit" im Rang eines „grundlegenden ethischen Prinzips" eindrucksvoll als „Möglichkeitsbedingung zukünftigen Handelns" und „Ermöglichungsgrund der Handlungsfreiheit aller" (S. 271) vor Augen stellt und argumentativ stark macht. Zum weiteren Hintergrund vgl. schon JONAS, Prinzip, bes. S. 237–382.

7. Religiöse Bildungsprozesse als Beitrag zu einer zeitgemäßen Bildung für nachhaltige Entwicklung

In den letzten beiden Jahrzehnten wurde die globale Bedrohung durch den Klimawandel theologisch mehr und mehr als ein *Zeichen der Zeit* erfasst – das heißt: als eine gegenwartsbestimmende Herausforderung, auf die christliche Theologie und christlicher Glaube auch aus innerer Notwendigkeit heraus zu reagieren haben. Für die Religionspädagogik stellt sich in diesem Zusammenhang die Aufgabe, zu markieren und herauszuarbeiten, wie und in welchen Hinsichten religiöse Bildungsprozesse Beiträge zu einer zeitgemäßen Bildung für nachhaltige Entwicklung leisten können.[40]

Die oben dargestellten Grundperspektiven können auf ein weites Feld möglicher Chancen aufmerksam machen. Mit Fokus auf dem schulischen Religionsunterricht werden nachfolgend einige wichtige Aspekte stichpunktartig zusammengestellt:

- Die Begegnung mit christlicher Schöpfungstheologie kann dazu anregen, über das grundlegende Eingebundensein eines jeden Menschen in die Beziehungsgeflechte seiner Welt und Mit-Welt zu reflektieren. Ein biophiles Bewusstsein kann davon ebenso angestoßen werden wie Fragen nach der menschlichen Verantwortlichkeit und nach möglichen Wegen zukunftsfähigen Verhaltens.
- Das Erkunden christlicher Eschatologie kann – je nach individueller Positionsnahme – zu persönlichen Befreiungserfahrungen führen. Insbesondere die Auffassung eines liebenden Angenommenseins durch Gott kann Potenziale und Motivationen freisetzen, die sich in ausdrücklich lebensförderlichen persönlichen Haltungen (und Handlungen) fortsetzen können.

---

40 Das Projekt einer entfalteten *religiösen* Bildung für nachhaltige Entwicklung befindet sich aktuell in der Entstehung. Wichtige Einordnungen, Basiskoordinaten und Durchblicke dazu liegen u.a. vor bei: BEDERNA, Day, S. 154–272; BEDERNA, Schöpfungsglaube, S. 228–230, BEDERNA, Denn, S. 180–192; BEDERNA/GÄRTNER, Bildung, S. 200–211; GÄRTNER, Klima, S. 84–164; GÄRTNER, Bildung, bes. S. 52–64; GÄRTNER, Alles, S. 73–83; GÄRTNER, Krieg, S. 100–114; SPAHN-SKROTZKI, Klimakrise, bes. S. 183–215; VOGT, Umweltethik, S. 674–703; PLATZBECKER, Gott, S. 12–18.

- Die Auseinandersetzung mit den genannten theologischen Grundlinien kann nicht zuletzt zur Schärfung kritischen Bewusstseins beitragen. Schöpfungstheologische Erwägungen können zu Kritik (z.B. an der Nicht-Nachhaltigkeit der westlichen Gesellschaften) und Selbstkritik (z.B. an eigenem nicht-nachhaltigen Verhalten) herausfordern. Und das im Rahmen eschatologischer Erwägungen wesentliche Kriterium einer Orientierung an Liebe, Solidarität und Barmherzigkeit kann – vice versa – zu einem äußerst sensiblen Diagnose-Instrument werden, um Lieblosigkeiten, mangelnde Solidarität und Unbarmherzigkeiten (z.B. globale Brutalitäten) aufzuspüren und aufzudecken.
- Sowohl Schöpfungstheologie (Gottesebenbildlichkeit als Merkmal eines jeden Menschen) als auch Eschatologie (universale Bedeutung des Heilshandelns Gottes) unterstreichen und betonen die Grundauffassung von der Gleichheit aller Menschen. Das dieser Anschauung entsprechende Gerechtigkeitsverständnis kann zu Reflexionen herausfordern, die im Sinne eines global umfassenden Gerechtigkeitsengagements die gegenwärtigen Opfer des Klimawandels – nicht zuletzt in den Regionen des globalen Südens – in den Blick nimmt.
- Damit korrespondiert die christlich-ethische Aufforderung zur Liebe, zur Barmherzigkeit und zum solidarischen Einsatz, zumal ihr Charakter und ihre spezifische Ausprägung auf Ausweitung und Entgrenzung angelegt sind. Auch in der Perspektivik der Option für die Armen rücken die aktuell von den Klimaveränderungen am meisten Betroffenen in den Fokus. Ebenso ist eine intergenerationale Gerechtigkeit nachdrücklich miteingeschlossen, die auf der zeitlichen Schiene das Schicksal der nachfolgenden Generationen (mit)bedenkt und auch zugunsten dieser ein solidarisches Verhalten vehement einfordert.[41]
- Beachtung verdient darüber hinaus das in der Religionspädagogik vielfach vermerkte grundlegende Ermutigungspotenzial, das sich im Rahmen religiöser Bildungsprozesse entfalten kann. Dieser Aspekt ist deshalb besonders bedeutsam, weil sich der aktuelle gesellschaftliche

---

41 Als interessante Analogie darf wahrgenommen werden, dass FELIX EKARDT (Theorie, bes. S. 65–76, 180–366) auch aus umweltjuristischer Perspektive das Prinzip Nachhaltigkeit als zeitliche und räumliche Erweiterung von Gerechtigkeit rekonstruieren möchte.

Klimadiskurs vor dem Hintergrund eines Aufeinanderprallens der unterschiedlichsten Gefühlslagen abspielt, die von Aggression über Angst, Panik und Depression bis hin zu Frustration und Resignation reichen.[42] Der Religionsunterricht kann hier zum einen mit konkreten Hoffnungsbildern und Hoffnungsaussagen biblischer und christlich-traditioneller Prägung bekannt machen, die möglicherweise Resonanzflächen für die eigene Hoffnungen der Schülerinnen und Schüler bilden können. Mehr noch dürfte aber die Grundauskunft christlichen Glaubens von Bedeutung sein, die den lebenschaffenden und lebensförderlichen Willen Gottes in den Mittelpunkt stellt. Denn sie ermöglicht es, dass von einem religiösen Standpunkt aus in einer erheblichen Selbstverständlichkeit reflektiert und erwogen werden kann, inwiefern sich lebensförderliches Engagement immer auch getragen wissen darf.[43]

- Ergänzt werden darf, dass sich in der Linie religiöser Bildungsprozesse sogar eine regelrechte Schöpfungsspiritualität entwickeln kann.[44] Wo diese Entwicklung stattfindet, wäre sie ein Beitrag zu einer religiös getragenen Resilienz und zu einem Empowerment, das seine Vorzüge auch in einer größeren Widerständigkeit gegenüber Klimaverzweiflung oder Klimadepression erweisen könnte.

Alle diese bisher genannten Aspekte sind stark inhaltsgetragen. Das bedeutet: Sie entfalten ihre Wirksamkeit in Abhängigkeit davon, in welcher Weise und in welchem Umfang die jeweiligen Schülerinnen und Schüler dazu bereit bzw. dafür offen sind, sich auf spezifisch christliche Zugänge einzulassen bzw. sich auf spezifisch christliche Standpunkte zu stellen. Vor dem Hintergrund der faktisch bestehenden Heterogenität der Schülerschaft ist es daher umso wichtiger, den Blick auch auf diejenigen Kompetenzen zu richten, die sich aus dem Kennenlernen bestimmter Verhaltensoptionen ergeben:

---

42 Vgl. die Beiträge in: BRONSWIJK/HAUSMANN, Emotions.
43 Zu den Hoffnungspotenzialen einer „messianischen Veränderungsperspektive", die sich mit der Reich-Gottes-Botschaft verbindet, vgl. BEDERNA, Day, S. 235–246; GÄRTNER, Klima, 84–85, 96–97, 109–112; GÄRTNER, Bildung, S. 53–56.
44 Vgl. BEDERNA, Day, S. 246–250; GÄRTNER, Klima, S. 97–99; GÄRTNER, Bildung, S. 58–59, 62–63.

- So bleibt die Thematisierung des Phänomens des prophetischen Protests keineswegs beim bloßen Wissenserwerb stehen. Vielmehr sollen konkrete Erfahrungen ermöglicht werden, die auf die Sensibilisierung für aktuelle Missstände, das Nachdenken über die Legitimität kritischen Einspruchs und Reflexionen über angemessene Wege von Kritik und Anklage zielen.[45]
- Ebenso BNE-relevant ist das Kennenlernen und unterrichtliche Erproben und Ausüben des komplementären Phänomens: Das subjektorientierte Erkunden der Chancen von Hörbereitschaft, Empathie und Rezeptionsvermögen kann zu Erkenntnissen und Fähigkeiten führen, die für die Komplexität diskursiver Gemengelagen sensibilieren und für die Rechte aller im Diskurs involvierten Partner (oder auch Gegner) aufschließen können.[46]
- Wesentlich ist, dass der Religionsunterricht durch die Behandlung und Reflexion existenzieller Themen eine grundlegende lebensorientierende Qualität entfalten kann. Denn es wird in ihm Raum geschaffen für selbstgesteuerte und selbstbestimmte Prozesse der Entwicklung von individuellen Wertentscheidungen und persönlichen Lebenshaltungen. Im Zusammenhang einer immer weiter sich ausprägenden Lebensentwurfskompetenz sind die Schülerinnen und Schüler dazu angehalten, auch zu einschlägigen Aspekten der Nachhaltigkeitsthematik und des Klimadiskurses persönlich Stellung zu nehmen und die davon ausgehenden Folgen mit Blick auf ihren konkreten Lebensstil zu reflektieren.
- Dabei können nicht zuletzt diejenigen Chancen genutzt werden, die sich aus der Korrelation religiöser Inhalte mit der Lebenswelt der Schülerinnen und Schüler ergeben. So kann z.B. das neutestamentliche Wort „Denn wo dein Schatz ist, da ist auch dein Herz" (Mt 6,21) die Sich-Bildenden dazu herausfordern, darüber zu reflektieren, was für sie in ihrem Leben wirklich wichtig ist, worauf sie sich stützen wollen, wonach sie streben wollen. Unter BNE-Gesichtspunkten steht damit z.B. auch die Frage im Raum, ob es nicht Lebensentwürfe geben kann,

---

45 Zur grundsätzlichen Begründbarkeit einer Kritik an Lebensformen vgl. auch JAEGGI, Lebensformen.
46 Zur gesellschaftlich-politischen Bedeutung vgl. ROSA, Demokratie, S. 53–55.

die der Nachhaltigkeitsforderung gerecht werden und trotzdem (oder gerade deshalb) die Aussicht auf ein glückliches Leben eröffnen. Diesen Zielen des Religionsunterrichts entsprechen die konkreten Bildungswege und Lernarrangements, von denen abschließend einige wenige exemplarisch in den Blick zu nehmen sind:

- Eine große Bedeutung nehmen dialogische und diskurs-ethische Lernangebote ein. Auf der Basis erworbenen Nachhaltigkeitswissens können hier Argumente ausgetauscht und (bestärkende wie abweichende) Positionen kennengelernt werden. Ziel ist die Bildung und fortwährende Weiterentwicklung einer eigenen Positionierung, die in möglichst großem Maß auch haltungs- und handlungsbestimmend werden kann. Die dialogische Anlage ermöglicht dabei nicht nur Raum für argumentatives Erproben, sondern eröffnet Revisionsmöglichkeiten ebenso wie Erfahrungen bezüglich des Durchhaltens eigener Überzeugungen auch gegen Widerstände.
- Die Konzeption biographischen Lernens beinhaltet schon konzeptionell die Fokussierung auf die je eigene Lebensbedeutsamkeit.[47] Im Horizont des Religionsunterrichts können hier medial vermittelte oder auch unmittelbar-reale Begegnungen mit Personen ermöglicht werden, die sich in nachhaltigkeitsrelevanten Bereichen in besonderer Weise engagieren. Sie können als Reflexionsangebote hinsichtlich eigener Lebensorientierung ebenso dienen wie die vielen Beispiele von Menschen, die sich im ganz Alltäglichen um einen nachhaltigen Lebensstil bemühen.
- Das weite Feld performativer Aspekte des Religionsunterrichts ist nicht zuletzt dann von besonderem Gewicht, wenn z.B. erfahren werden kann, wie sich Nachhaltigkeitsüberzeugungen und persönliche Religiosität wechselseitig positiv durchdringen können oder wie die rationale Entscheidung für Nachhaltigkeit sich in dauerhaften Verhaltensweisen umsetzen kann.
- Dezidiert handlungsorientiert sind religiöse Bildungsprozesse schließlich dann, wenn sie sich in Aktionen und Projekten äußern, die dazu beitragen, den eigenen Lebensraum in immer größerem Umfang zu einem Ort der Nachhaltigkeit zu gestalten. Für die Gruppe der Schülerinnen

---

47 Vgl. WEIHS, Lernen, S. 139–159; WEIHS/EPP, S. 67–76.

und Schüler kann hier nicht zuletzt die eigene Schule eine bevorzugte Referenz für Veränderungs-Engagement in Richtung ökologischer Zukunftsfähigheit darstellen.[48]
- Die Themen Nachhaltigkeit und Klimagerechtigkeit sind inhaltlich in einer Weise vielfältig, dass sie sich für einen fächerübergreifenden Unterricht und entsprechende Projekte geradezu aufdrängen. Die Religionslehrerinnen und Religionslehrer suchen daher berechtigterweise die Kooperation mit den Vertreterinnen und Vertretern der anderen Schulfächer, gerade auch der naturwissenschaftlichen und soziologischen Disziplinen. Die Komplexität der Thematik macht aber noch auf einen weiteren Gesichtspunkt aufmerksam: nämlich auf die Notwendigkeit, die Möglichkeiten zum Erwerb einer hohen BNE-Kompetenz – in ihrer ganzen Breite – noch stärker in der Lehrkräfteausbildung der Universitäten und Hochschulen zu berücksichtigen und zu verankern.

8. Schlussbemerkung

Die naturwissenschaftlichen Prognosen deuten darauf hin, dass ein Abwenden der globalen Klimakatastrophe nur auf der Basis weitreichender ökonomischer Veränderungen im Verbund mit großen kulturellen Transformationen hinsichtlich Lebensstil und Lebenshaltung zu erreichen sein wird. Ohne ein Zurückfahren von Energieverbrauch und Konsum wird es nicht gehen. Das Programm Bildung für nachhaltige Entwicklung intendiert (je nach Ausprägung mindestens implizit, häufiger sogar explizit), bei den Zielgruppen Dispositionen reflektieren zu lassen und anzuschieben, die den als notwendig erachteten kulturellen Veränderungsprozessen (individuell wie politisch) förderlich sein können. Insofern es eine besondere Stärke des Religionsunterrichts darstellt, Phänomene und Gegebenheiten existenzieller Bedeutsamkeit hinsichtlich ihrer Relevanz für die eigene Lebenshaltung und den eigenen Lebensentwurf zu bedenken und einzuordnen, können den Bildungsprozessen dieses Schulfachs für den Bereich BNE ein spezifisches Gewicht zugesprochen werden. Die Bandbreite der Impulse ist dabei enorm: Nicht zuletzt können im Horizont religiöser Bildungsprozesse u.a. Motivationen zu einer persönlichen

---

48 Vgl. BEDERNA, Day, S. 250–271.

Bejahung des Nachhaltigkeitsprinzips, zu einer ökologisch zukunftsfähigen Lebensführung oder zu politischem Klima-Engagement entstehen.⁴⁹ Vor allem aber können auch Entwürfe eines *guten Lebens* erwogen werden, die unter den Vorzeichen von Suffizienz⁵⁰ und biophiler Lebenseinstellung als persönlich tragfähig und Glück verheißend erscheinen. Unter dem Blickwinkel biographischen Lernens an anderen Menschen wäre es günstig, wenn man an möglichst vielen Beispielen zeigen könnte, dass eine Orientierung an den Prinzipien der Nachhaltigkeit in geglückten und attraktiven Lebensentwürfen tatsächlich und überzeugend gelebt werden kann.

Literaturverzeichnis

A. Literatur

BAHR, MATTHIAS/KROPAČ, ULRICH/SCHAMBECK, MIRJAM (Hg.), Subjektwerdung und religiöses Lernen. Für eine Religionspädagogik, die den Menschen ernst nimmt, München 2005.

BALS, CHRISTOPH, Eine gelungene Provokation für eine pluralistische Weltgesellschaft. Die Enzyklika Laudato Si' – eine Magna Charta der integralen Ökologie als Reaktion auf den suizidalen Kurs der Menschheit, Bonn 2016.

BAUKS, MICHAELA, Theologie des Alten Testaments. Religionsgeschichtliche und bibelhermeneutische Perspektiven, Göttingen 2019.

BEDERNA, KATRIN, Every Day for Future. Theologie und religiöse Bildung für nachhaltige Entwicklung, Ostfildern ²2020.

BEDERNA, KATRIN, Hilft Schöpfungsglaube gegen die Krise?, in: Diakonia 51 (2020), S. 225–231.

---

49 Zur selbstverständlichen politischen Dimension religiöser Bildungsprozesse vgl. auch KÖNEMANN, Plädoyer, S. 15–23; zudem (mit ausdrücklichem Bezug auf die religiöse BNE) GÄRTNER, Klima, S. 35–45, 107–135; GÄRTNER, Alles, S. 73–83.
50 Zur Perspektive der Suffizienz vgl. (aus theologisch-sozialethischer Sicht) BEDERNA, Day, S. 198–209, auch 121–159; VOGT, Umweltethik, S. 639–673; (aus soziologischer Perspektive) STENGEL, Suffizienz, S. 127–338; (aus ökonomischer Sicht) PAECH, Suffizienz, S. 119–215.

BEDERNA, KATRIN, „Lasst uns furchtlos sein". Papst Franziskus erzählt von der ökologischen Krise und einer anderen Zukunft, in: Bibel und Kirche 76 (2021), S. 42–47.

BEDERNA, KATRIN, Denn sie tun nicht, was sie wissen – religiöse Bildung und die Motivation zur Transformation in der Klimakrise, in: SCHAMBECK, MIRJAM/VERBURG, WINFRIED (Hg.), Wie Religion für Krisen taugt. Zum Beitrag religiöser Bildung in Krisenzeiten, Göttingen 2023, S. 180–192.

BEDERNA, KATRIN/GÄRTNER, CLAUDIA, Religiöse Bildung für nachhaltige Entwicklung, in: GRÜMME, BERNHARD/PIRNER, MANFRED L. (Hg.), Religionsunterricht weiterdenken. Innovative Ansätze für eine zukünftige Religionspädagogik (Religionspädagogik innovativ 55), Stuttgart 2023, S. 200–211.

BELJAN, JAN/WINKLER, MICHAEL, Resonanzpädagogik auf dem Prüfstand. Über Hoffnungen und Zweifel an einem neuen Ansatz, Weinheim 2019.

BENK, ANDREAS, Schöpfung – eine Vision von Gerechtigkeit. Was niemals war, doch möglich ist, Ostfildern 2016.

BENK, ANDREAS, Schöpfung als Befreiung. Plädoyer für eine visionäre Schöpfungstheologie, in: VOGES, STEFAN (Hg.), Christlicher Schöpfungsglaube heute. Spirituelle Oase oder vergessene Verantwortung?, Ostfildern 2020, S. 51–79.

BENK, ANDREAS, Schöpfung als Vision einer gerechten Welt. Die Relecture biblischer Schöpfungstexte als Befreiungstheologie, in: Bibel und Kirche 76 (2021), S. 2–9.

BRONSWIJK, KATHARINA VAN/HAUSMANN, CHRISTOPH M. (Hg.), Climate Emotions. Klimakrise und psychische Gesundheit, Gießen 2022.

BÜCHNER, CHRISTINE, Wie kann Gott in der Welt wirken? Überlegungen zu einer theologischen Hermeneutik des Sich-Gebens, Freiburg 2010.

BÜCHNER, CHRISTINE, Außer Konkurrenz. Zur Rede vom Wirken Gottes als Sich-Geben, in: GÖCKE, BENEDIKT PAUL/SCHNEIDER, RUBEN (Hg.), Gottes Handeln in der Welt. Probleme und Möglichkeiten aus Sicht der Theologie und analytischen Religionsphilosophie, Regensburg 2017, S. 177–203.

DOHMEN, CHRISTOPH, Zwischen Gott und Welt. Biblische Grundlagen der Anthropologie, in: DIRSCHERL, ERWIN/DOHMEN,

CHRISTOPH/ENGLERT, RUDOLF/LAUX, BERNHARD, In Beziehung leben. Theologische Anthropologie (Theologische Module 6), Freiburg 2008, S. 7–45.

DÜFFEL, JOHN VON, Das Wenige und das Wesentliche. Ein Stundenbuch, Köln 2022.

EKARDT, FELIX, Theorie der Nachhaltigkeit. Ethische, rechtliche, politische und transformative Zugänge – am Beispiel von Klimawandel, Ressourcenknappheit und Welthandel, Baden-Baden ³2021.

ECKHOLT, MARGIT, Schöpfungstheologie und Schöpfungsspiritualität. Ein Blick auf die Theologin Sallie McFague (Benediktbeurer Hochschulschriften 25), München 2009.

ECKHOLT, MARGIT, Schöpfungsspiritualität im Dienst der „großen Transformation". Systematisch-theologische Überlegungen im Ausgang von Laudato si´, in: ZMR 102 (2018), S. 62–73.

FRANZISKUS, Enzyklika Laudato si´ über die Sorge für das gemeinsame Haus (24. Mai 2015) (Verlautbarungen des Apostolischen Stuhls 202), Bonn ⁴2018.

FREVEL, CHRISTIAN, Art. Anthropologie, in: HGANT, Darmstadt ²2009, S. 1–7.

FREVEL, CHRISTIAN/WISCHMEYER, ODA, Menschsein. Perspektiven des Alten und Neuen Testaments (NEB.Themen 11), Würzburg 2003.

GABRIEL, INGEBORG/KIRCHSCHLÄGER, PETER G./STURN, RICHARD (Hg.), Eine Wirtschaft, die Leben fördert. Wirtschafts- und unternehmensethische Reflexionen im Anschluss an Papst Franziskus, Mainz ²2019.

GÄRTNER, CLAUDIA, Klima, Corona und das Christentum. Religiöse Bildung für nachhaltige Entwicklung in einer verwundeten Welt (Religionswissenschaft 20), Bielefeld 2020.

GÄRTNER, CLAUDIA, Alles vergeblich!? Religionsdidaktische Konkretionen einer politischen religiösen Bildung für nachhaltige Entwicklung, in: RpB 11 (2021), S. 73–83.

GÄRTNER, CLAUDIA, Mit religiöser Bildung die Welt retten? Spannungsfelder einer politischen religiösen Bildung für nachhaltige Entwicklung, in: Österreichisches Religionspädagogisches Forum 28, Heft 2 (2020), S. 47–64.

GÄRTNER, CLAUDIA, Krieg, Klima und andere Krisen – religiöse Bildung in einer (aus-)sterbenden Welt, in: SCHAMBECK, MIRJAM/VERBURG,

WINFRIED (Hg.), Wie Religion für Krisen taugt. Zum Beitrag religiöser Bildung in Krisenzeiten, Göttingen 2023, S. 100–114.

GIES, KATHRIN, Anthropologie des Alten Testaments (Grundwissen Theologie), Paderborn 2023.

GRADL, HANS-GEORG, Siehe, ich mache alles neu. Schöpfung im Neuen Testament, Freiburg 2022.

GRUBER, FRANZ, Im Haus des Lebens. Eine Theologie der Schöpfung, Regensburg 2001.

GRUBER, FRANZ, Schöpfungslehre, in: MARSCHLER, THOMAS/SCHÄRTL, THOMAS (Hg.), Dogmatik heute. Bestandsaufnahme und Perspektiven, Regensburg ²2018, S. 131–172.

HARDMEIER, CHRISTOF/OTT, KONRAD, Naturethik und biblische Schöpfungserzählung. Ein diskurstheoretischer und narrativ-hermeneutischer Brückenschlag, Stuttgart 2015.

HEIDENREICH, FELIX, Nachhaltigkeit und Demokratie. Eine politische Theorie, Berlin 2023.

HUNZE, GUIDO, Die Entdeckung der Welt als Schöpfung. Religiöses Lernen in naturwissenschaftlich geprägten Lebenswelten (Praktische Theologie heute 84), Stuttgart 2007.

HUNZE, GUIDO, Schöpfung – ein unterschätzter Grundbegriff der Religionspädagogik, in: Theo-Web. Zeitschrift für Religionspädagogik 8 (2009), S. 42–55.

JAEGGI, RAHEL, Kritik von Lebensformen, Berlin 2023.

JANOWSKI, BERND, Anthropologie des Alten Testaments. Versuch einer Grundlegung, in: WAGNER, ANDREAS (Hg.), Anthropologische Aufbrüche. Alttestamentliche und interdisziplinäre Zugänge zur historischen Anthropologie (FRLANT 232), Göttingen 2009, S. 13–41.

JONAS, HANS, Das Prinzip Verantwortung. Versuch einer Ethik für die technologische Zivilisation. Mit einem Nachwort von Robert Habeck, Berlin 2020.

KÖNEMANN, JUDITH, Plädoyer für eine politische Religionspädagogik, in: RpB 78 (2018), S. 15–23.

KONRADT, MATTHIAS, Schöpfung und Neuschöpfung im Neuen Testament, in: SCHMID, KONRAD (Hg.), Schöpfung (Themen der Theologie 4), Tübingen 2012, S. 121–184.

KONRADT, MATTHIAS, Ethik im Neuen Testament (GNT 4), Göttingen 2022.

LANDMESSER, CHRISTOF, Der Mensch im Neuen Testament, in: OORSCHOT, JÜRGEN VAN (Hg.), Mensch (Themen der Theologie 11), Tübingen 2018, S. 65–104.

LIEVENBRÜCK, URSULA, Theologische Anthropologie, in: MARSCHLER, THOMAS/SCHÄRTL, THOMAS (Hg.), Dogmatik heute. Bestandsaufnahme und Perspektiven, Regensburg ²2018, S. 173–230.

MCFAGUE, SALLIE, Die Welt als Gottes Leib, in: Concilium 38 (2002), S. 154–160.

MCFAGUE, Sallie, A New Climate for Theology. God, the World, and Global Warming, Minneapolis 2008.

MCFAGUE, SALLIE, Blessed are the Consumers. Climate Change and the Practice of Restraint, Minneapolis 2013.

MCFAGUE, SALLIE, Jesus the Christ and climate change, in: CONRADIE, ERNST M./COSTER, HILDA P. (Hg.), T&T Clark handbook of Christian theology and climate change, London 2020, S. 513–523.

METZINGER, THOMAS, Bewusstseinskultur. Spiritualität, intellektuelle Redlichkeit und die planetare Krise, Berlin ²2023.

MÜLLER, PETER, Gott und die Bibel (Theologie elementar), Stuttgart 2015.

NOTHELLE-WILDFEUER, URSULA, Grundelemente einer christlichen Schöpfungskonzeption im Ausgang von der Enzyklika Laudato si', in: KRÄMER, KLAUS/VELLGUTH, KLAUS (Hg.), Schöpfung. Miteinander leben im gemeinsamen Haus, Freiburg 2017, S. 148–168.

OBERTHÜR, RAINER, Kinder fragen nach Leid und Gott. Lernen mit der Bibel im Religionsunterricht. Ein Praxisbuch, München ³2002.

OORSCHOT, JÜRGEN VAN, Aspekte impliziter Anthropologien im Alten Testament, in: Ders. (Hg.), Mensch (Themen der Theologie 11), Tübingen 2018, S. 17–64.

PAECH, NIKO, Suffizienz als Antithese zur modernen Wachstumsorientierung, in: FOLKERS, MANFRED/PAECH, NIKO, All you need is less. Eine Kultur des Genug aus ökonomischer und buddhistischer Sicht, München 2020, S. 119–215.

PLATZBECKER, PAUL, Mit Gott sehen lernen – nicht nur im Religionsunterricht. Curriculare Eigenprägung am Beispiel religiöser Bildung für nachhaltige Entwicklung, in: Kirche und Schule, Nr. 197 (2023), S. 12–18.

Rifkin, Jeremy, Das Zeitalter der Resilienz. Leben neu denken auf einer wilden Erde, Frankfurt 2022.

Rosa, Hartmut/Endres, Wolfgang, Resonanzpädagogik. Wenn es im Klassenzimmer knistert, Weinheim ²2016.

Rosa, Hartmut, Resonanz. Eine Soziologie der Weltbeziehung, Berlin ⁶2022.

Rosa, Hartmut, Demokratie braucht Religion. Über ein eigentümliches Resonanzverhältnis, München ⁸2022.

Rosa, Hartmut, Stumme Welt und antwortfähiger Mensch. Zum Verhältnis von Resonanz und Protestantismus, in: Wiener Jahrbuch für Theologie 14 (2023), S. 67–94.

Sandkühler, Fabian, Das Motivationsproblem angesichts des Klimawandels. Tugendethische Lösungsansätze (FThSt 187), Freiburg 2018.

Schellnhuber, Hans Joachim, Selbstverbrennung. Die fatale Dreiecksbeziehung zwischen Klima, Mensch und Kohlenstoff, München 2015.

Schüle, Andreas, Gottes Schöpfung, in: Dietrich, Walter (Hg.), Die Welt der Hebräischen Bibel. Umfeld – Inhalte – Grundthemen, Stuttgart ²2021, S. 421–437.

Schupp, Franz, Schöpfung und Sünde. Von der Verheißung einer wahren und gerechten Welt, vom Versagen der Menschen und vom Widerstand gegen die Zerstörung, Düsseldorf 1990.

Söding, Thomas, Das Liebesgebot bei Markus und Paulus. Ein literarischer und theologischer Vergleich, in: Wischmeyer, Oda/Sim, David C./Elmer, Ian J. (Hg.), Paul and Mark. Comparative Essays. Part I: Two Authors at the Beginnings of Christianity (BZNW 198), Berlin-Boston 2014, S. 465–503.

Söding, Thomas, Ein Gott für eine Welt. Die Entdeckung der Universalität in der Bibel, in: Catholica 72 (2018), S. 58–71.

Söding, Thomas, Das Evangelium nach Markus (ThHK 2), Leipzig 2022.

Spahn-Skrotzki, Gudrun, Klimakrise, externalisierender Lebensstil und Religionspädagogik, Bad Heilbrunn 2022.

Steck, Odil Hannes, Israel und das gewaltsame Geschick der Propheten. Untersuchungen zur Überlieferung des deuteronomistischen Geschichtsbildes im Alten Testament, Spätjudentum und Urchristentum (WMANT 23), Neukirchen-Vluyn 1967.

STENGEL, OLIVER, Suffizienz. Die Konsumgesellschaft in der ökologischen Krise, München 2011.

VOGT, MARKUS, Christliche Umweltethik. Grundlagen und zentrale Herausforderungen, Freiburg ²2022.

VOGT, MARKUS, Nachhaltigkeit, in: HEIMBACH-STEINS, MARIANNE/BECKA, MICHELLE/FRÜHBAUER, JOHANNES F./KRUIP, GERHARD (Hg.), Christliche Sozialethik. Grundlagen – Kontexte – Themen. Ein Lehr- und Studienbuch, Regensburg 2022, S. 219–231.

WEIHS, ALEXANDER, Die Deutung des Todes Jesu im Markusevangelium. Eine exegetische Studie zu den Leidens- und Auferstehungsansagen (FzB 99), Würzburg 2003.

WEIHS, ALEXANDER, Jesus und das Schicksal der Propheten. Das Winzergleichnis (Mk 12,1–12) im Horizont des Markusevangeliums (BThSt 61), Neukirchen-Vluyn 2003.

WEIHS, ALEXANDER, Lernen an Biographien anderer. Zur Identifizierbarkeit und Bedeutung spezifisch christlicher Spiegelungsangebote im Horizont biographischen Lernens, in: ThGl 108 (2018), S. 139–159.

WEIHS, ALEXANDER/EPP, ANDRÉ, Biografische Arbeit und biografisches Lernen. Religionspädagogische und sozialpädagogische Perspektiven im interdisziplinären Dialog, in: RpB 82 (2020), S. 67–76.

WEIHS, ALEXANDER, Jesus und das Gebot der Liebe. Ein Zentrum neutestamentlicher Theologie und seine didaktischen Chancen, in: BASSLER, SABINE (Red.), Jesus Christus (IRP Lernimpulse – Sekundarstufe I), Freiburg 2022, S. 19–22.

WEIHS, ALEXANDER, Der Prophet aus Nazaret: Jesus als Prophetengestalt – Perspektiven der historisch-kritischen Forschung, in: SCHWENDEMANN, WILHELM/FEININGER, BERND/RALLA, MECHTHILD (Hg.), Der Glaube der Propheten. Prophetie und Propheten aus der Sicht Martin Bubers und der Religionswissenschaft, Bodenburg 2023, S. 68–98.

B. Internetquellen

Papst Franziskus, Apostolisches Schreiben Laudate Deum. An alle Menschen guten Willens über die Klimakrise (4. Oktober 2023), in: https://www.dbk.de/fileadmin/redaktion/diverse_downloads/dossiers_2023/2023-10-04_Apostolisches-Schreiben-Laudate-Deum.pdf (Stand: 01.11.2023).

Ministerium für Kultus, Jugend und Sport Baden-Württemberg, Bildung für nachhaltige Entwicklung (BNE), in: https://www.bildungsplaene-bw.de/,Lde/LS/BP2016BW/ALLG/LP/BNE (Stand: 01.11.2023).

Printed by
CPI books GmbH, Leck